AF298450

COURS

SUR LA PRODUCTION ET LES EMPLOIS

DE LA CHALEUR

ECOLE IMPÉRIALE D'APPLICATION

DU SERVICE DES TABACS

COURS

SUR LA PRODUCTION ET LES EMPLOIS

DE LA CHALEUR

M. DEMONDESIR, Professeur.

PARIS

IMPRIMERIE DE PRISSETTE, 17, PASSAGE KUSZNER

MAISON, 17, PASSAGE DU CAIRE

1863

[illegible]

[illegible]

[illegible]

[illegible]

[illegible]

AVERTISSEMENT

Toutes les industries se servent de chaleur, mais aucune n'en fait usage dans des cas plus nombreux et plus variés que l'industrie du tabac telle qu'elle est constituée par le monopole français. Les applications de la chaleur sont donc une des spécialités les plus importantes des ingénieurs du service des tabacs et une de celles qui leur assignent une place distincte à côté des autres corps d'ingénieurs. De cette situation il résulte que le cours de l'Ecole d'application devrait, pour suffire à tous les besoins, prendre un grand développement. Mais d'autres motifs, dont le détail serait ici superflu, engagent au contraire à le resserrer dans des limites assez étroites. Nous avons cherché à éviter les deux écueils opposés en restreignant aux questions les plus usuelles le cours proprement dit et en faisant entrer dans le même cadre des renseignements accessoires que les ingénieurs pourront consulter au besoin. Ce programme nous a conduit, surtout pour la première partie du cours, à une forme de rédaction inusitée et sur laquelle des explications, très-succintes d'ailleurs, ne seront pas inutiles.

Les études de l'École polytechnique se renferment dans des généralités trop abstraites pour qu'il soit possible de leur faire succéder sans intermédiaire, les réalisations spéciales d'une industrie. Une transition est donc nécessaire au début de chaque branche d'application, et elle se présente naturellement sous forme de questions déjà pratiques, mais ayant encore une grande généralité parce qu'elles appartiennent à toutes les industries. Ainsi, dans le cas particulier qui nous occupe, avant d'aborder les emplois de la chaleur, il faut savoir produire cette chaleur et la faire arriver aux corps sur lesquels son action doit s'exercer. Tel sera l'objet des études de la première partie du cours.

Nous trouvant ainsi placés sur un terrain commun à toutes les industries, nous devons chercher à profiter le plus possible des travaux des autres. Si les résultats qui peuvent nous servir étaient dispersés dans un grand nombre de publications, il serait nécessaire de les réunir, de les refondre et de rédiger entièrement le cours. Mais le travail que nous aurions à faire a déjà été exécuté par Péclet et même à un point de vue beaucoup plus large que le nôtre. Ce savant a voulu en effet embrasser l'ensemble des applications industrielles de la chaleur, et il a employé toute sa vie à coordonner des documents épars et à les compléter par des recherches personnelles. Son premier volume est consacré aux principes et aux questions générales que nous devons étudier dans la première partie du cours. Sur un très-grand nombre de points nous n'aurions pu nous séparer de lui qu'en cherchant à exprimer autrement les mêmes idées. Il a paru préférable d'éviter ce travail inutile en renvoyant aux numéros de Péclet qui pouvaient être introduits dans notre cadre.

Dans la seconde partie du cours, Péclet fournira encore des ressources, mais bien moindres, pour les appareils généraux qui appartiennent à toutes les industries. Quant à nos appareils spéciaux, le peu qu'il en dit doit être considéré comme non avenu.

Si nous n'avions pas pris pour base le traité de Péclet, cet ouvrage serait devenu plutôt nuisible qu'utile entre les mains des ingénieurs des manufactures. En effet, sa rédaction et la nôtre n'étant pas reliées, il eut été difficile de les consulter comparativement et elles auraient présenté de nombreux désaccords et des contradictions inexpliquées au lieu de se prêter un mutuel secours. Les ingénieurs n'auraient donc eu à leur disposition qu'un cours forcément restreint aux questions les plus usuelles et insuffisant pour l'ensemble des besoins du service. La forme adoptée a au contraire l'avantage de leur offrir des ressources beaucoup plus étendues puisqu'elle indique toutes les parties de Péclet qui peuvent leur être utiles et les met à même de s'en servir facilement.

On verra d'ailleurs que la première partie du cours ne consiste pas uniquement en citations de Péclet. Elle contient des notes assez étendues destinées à relier les extraits auxquels nous renvoyons, à résumer certaines parties trop

développées pour nos usages, à indiquer des points sur lesquels notre opinion diffère de celle de Péclet et enfin à
signaler des erreurs. Le traité de Péclet contient en effet
d'assez nombreuses erreurs. Nous ne parlons pas de points
sujets à appréciation, mais d'erreurs telles qu'une fois
signalées elles sont avérées pour tout le monde. On ne
doit donc pas lui accorder une confiance aveugle, mais il
serait aussi bien imprudent de le déclarer en faute à la
légère. D'ailleurs il n'est pas de livre auquel on puisse se
fier d'une manière absolue, et celui de Péclet est encore,
malgré ses défauts, un de ceux qui peuvent rendre les
meilleurs services.

TRAITÉ DE LA CHALEUR DE PÉCLET

TROISIÈME ÉDITION

LIVRE PREMIER.

CHAPITRE PREMIER.

Numéros 1 à 20.

Cette entrée en matière se compose, pour la plus grande partie, de notions contenues dans les cours de l'École Polytechnique. Cependant les considérations relatives à l'influence que la vitesse et la direction du courant d'air exercent sur la flamme peuvent être nouvelles pour les élèves.

CHAPITRE II.

DES COMBUSTIBLES EN GÉNÉRAL.

30 à 40.

Les combustibles naturels généralement employés sont le bois, la tannée, la tourbe, les houilles, lignites et anthracites.

Ils sont tous d'origine organique et composés principalement de carbone, d'hydrogène, d'oxygène et de matières minérales qui produisent les cendres.

Ce que la chimie enseigne sur la distillation des substances végétales complexes s'applique parfaitement à l'action de la chaleur sur les combustibles. Soumis à une température élevée, ils dégagent, sous forme de gaz ou de vapeurs, leur hydrogène et leur oxygène combinés avec une partie de leur carbone, le surplus du carbone reste comme résidu avec celles des matières minérales qui n'ont pas été entraînées par le courant des gaz.

Il en résulte qu'un morceau quelconque d'un combustible naturel présente, dans sa combustion, deux phases successives très-différentes l'une de l'autre. Il dégage d'abord des gaz qui, en brûlant, produisent des flammes; ce dégagement s'accroît pendant un certain temps, puis diminue et cesse enfin lorsque le morceau de combustible ne contient plus que du carbone et des matières minérales. Alors commence la seconde période de la combustion, le résidu de carbone et de matières minérales brûle sans flammes, sauf le cas de formation d'oxyde de carbone, et le phénomène s'achève sans autres changements que ceux qui résultent de la diminution de grosseur du combustible et de l'accumulation des cendres.

La première période de la combustion présente donc des variations continuelles d'un instant à l'autre. La longueur, l'intensité, la composition des flammes se modifient sans cesse, la fumée est plus ou moins abondante, plus ou moins colorée, le combustible souvent change de forme, pétille, se divise ou bien au contraire se gonfle, se ramollit et s'agglutine.

Ces inégalités de la combustion d'un simple morceau de combustible se reproduisent plus ou moins dans la marche d'un foyer ordinaire, alimenté par un combustible naturel.

L'industrie a souvent besoin d'employer des foyers plus réguliers ou d'éviter la fumée. La seconde période de la combustion présente ces conditions, et, pour les réaliser dans un foyer, il suffit de faire subir aux combustibles, avant leur emploi, une opération préparatoire qui équivaut à la première période de la combustion et les réduit à l'état de charbon.

On obtient ainsi les charbons de bois et de tourbe et le coke ou charbon de houille. Les anthracites et certaines houilles maigres, qui ne contiennent que très-peu d'hydrogène, font partie des combustibles naturels, mais se rapprochent beaucoup des charbons artificiels.

Les deux périodes successives de la combustion existent toujours pour les combustibles naturels, mais leur importance relative varie suivant les circonstances. Les matières organiques, soumises à la distillation, donnent d'autant plus de produits gazeux et laissent d'autant moins de résidu que l'action de la chaleur les pénètre plus vivement. Ce principe se vérifie très-bien pour les bois, car lorsqu'ils sont très-secs et en menus fragments ils se réduisent presque entièrement en flammes dans les foyers à haute température et ne donnent que des quantités insignifiantes de charbons. La régularité de marche s'obtient ainsi par la suppression de la seconde période de la combustion. Cette méthode est utilisée dans les fours à porcelaine, et en général dans les applications qui exigent une chaleur régulière mais étendue à de grands espaces. Dans les cas de ce genre l'emploi des charbons ne conviendrait pas, car ils donnent une chaleur intense mais concentrée aux environs du foyer, à cause de l'absence de flamme. Les mêmes moyens produisent des résultats analogues dans l'emploi de la houille, mais la division de ce combustible doit être poussée beaucoup plus loin que pour le bois. Il existe d'autres procédés pour obtenir la régularité dans les foyers ; nous y reviendrons plus tard avec détails.

CHAPITRE III.

DES BOIS.

L'emploi du bois comme combustible ayant fort peu d'importance dans notre service, les élèves peuvent se borner à quelques notions sur les quantités d'eau contenues dans les bois et sur les puissances calorifiques ; ces notions se trouvent aux numéros 54, 59, 60 et 67.

CHAPITRE VIII.

COMBUSTIBLES FOSSILES.

La houille est pour nous le combustible le plus important. (Voir dans le cours, *Foyers, Chaudières, Essai de charbon.*)
148 à 157 et 161 à 166.

CHAPITRE IX.

DU COKE.

Nous employons le coke dans les cheminées, les poêles de bureaux et d'ateliers, les calorifères et les foyers des torréfacteurs. (Voir ce chapitre pour les observations spéciales.)
167 à 170, 1er alinéa de 176. 180.

CHAPITRE X.

DÉTERMINATION DES VOLUMES D'AIR NÉCESSAIRES POUR BRULER LES DIFFÉRENTS COMBUSTIBLES ET DES VOLUMES DE GAZ QUI S'ÉCHAPPENT.

Les élèves prendront dans ce chapitre ce qui concerne le bois, la houille et le coke.

CHAPITRE XI.

TEMPÉRATURES PRODUITES PAR LA COMBUSTION DES DIFFÉRENTS COMBUSTIBLES.

220 et 221.

Les températures indiquées comme produites par les diverses combustions sont en général trop élevées. Les calculs de Péclet exacts en eux-mêmes reposent sur une base erronée, car les chaleurs spécifiques des gaz croissent avec les températures, comme le prouvent des expériences qui seront prochainement publiées.

Les températures du n° 220 pour les combustions avec de l'air en quantité double de ce qui serait nécessaire sont déjà exagérées dans une assez forte proportion. Les chiffres de 7,000 et 10,000° s'éloignent encore bien plus de la réalité, car le maximum probable est environ 4,000 degrés.

Mais en rejetant les chiffres de Péclet on peut cependant admettre comme probables certaines conclusions qui dépendent des rapports de ces chiffres et non de leurs valeurs absolues. Par exemple, les nombreuses expériences de M. Deville ont démontré les faits suivants:

La température très-élevée que donne le chalumeau à gaz hydrogène et oxigène comparativement aux foyers ordinaires est due à l'emploi de l'oxigène pur au lieu de l'air; les hydrogènes carbonés et l'oxide de carbone peuvent être substitués à l'hydrogène sans abaissement de température. Ces résultats s'accordent avec la similitude des chiffres que le n° 218 donne pour l'hydrogène et l'oxide de carbone.

Il paraît exact aussi que la plus forte chaleur est celle produite par le carbone brûlant dans l'oxigène.

LIVRE DEUXIÈME.

ÉCOULEMENT DES GAZ COMPRIMÉS.

Le but d'un titre est de faire comprendre l'objet du livre; cette condition ne nous paraissant pas remplie dans le cas actuel, nous croyons utile de donner quelques explications.

La cause immédiate de l'écoulement d'un gaz est toujours une différence de pression qui peut elle-même avoir des origines fort diverses. Le livre qui commence ici ne s'occupe pas de ces origines. Les circonstances, les moyens qui produisent des différences de pression seront étudiés plus tard. Pour le moment on suppose que la différence de pression existe par une cause quelconque et on examine l'écoulement de gaz qu'elle peut déterminer.

CHAPITRE Ier.

ÉCOULEMENT DES GAZ SOUS DE FAIBLES PRESSIONS PAR UN ORIFICE EN MINCE PAROI.

225, 226, 227, 228 et 229. Résumé des numéros suivants jusqu'à 251 ; l'expérience montre que l'écoulement des gaz peut être assimilé à celui des liquides que les élèves connaissent déjà par les cours de l'École Polytechnique. Le coefficient de contraction a la même valeur.

Le n° 251 est important. Il faut remarquer que la perte d'un tiers sur la vitesse correspond à une perte de cinq neuvièmes sur la charge. Ces deux manières différentes d'envisager le même fait ont chacune leurs avantages particuliers suivant la nature des applications.

255. Le minimum signalé pour le coefficient n'a aucun intérêt pratique, mais il n'en est pas de même de l'augmentation rapide de ce coefficient, lorsque le rapport des diamètres dépasse 0,6. On verra que ce cas se présente fréquemment pour le sommet des cheminées.

CHAPITRE II.

ÉCOULEMENT DES GAZ SOUS DE FORTES PRESSIONS PAR UN ORIFICE EN MINCE PAROI.

Le résumé de ce chapitre est que, pour obtenir les quantités de gaz écoulés, il suffit d'appliquer la formule des liquides, mais en diminuant le coefficient à mesure que la différence de pression augmente. Ainsi de la valeur 0,65, qui correspond à de faibles différences de pression, comme on l'a vu dans le chapitre précédent, ce coefficient descendrait pour

	1 atmosph.	5 atmosph.	∞
aux valeurs	0.54	0.45	0.41

Le n° 272 contient une faute qui lui donne un sens tout à fait contraire à celui qu'il devrait avoir.

Ce chapitre n'a jusqu'à présent aucune application dans notre spécialité.

CHAPITRE III.

EXAMEN DE LA FORMULE DE M. NAVIER.

La formule de M. Navier est basée sur l'hypothèse que les gaz, avant leur sortie de l'orifice, se détendent jusqu'à la pression du milieu dans lequel ils s'écoulent et que cet effet ne produit pas de refroidissement. Les résultats des expériences sont en désaccord complet avec la formule de M. Navier, dont il est par conséquent inutile de s'occuper.

CHAPITRE IV.

ÉCOULEMENT PAR DES AJUTAGES CYLINDRIQUES OU CONIQUES.

Les ajutages produisent, pour l'écoulement des gaz sous faible pression, les mêmes effets que pour les liquides.

L'écoulement sous de grandes pressions par des ajutages cylindriques présente pour nous quelque intérêt au point de vue de la vapeur.

Les effets des ajutages divergents pourraient être utilisés dans certains cas de ventilation où ils permettraient de détruire la vitesse de l'air à son arrivée dans les locaux ventilés et d'économiser en même temps la dépense de charge ; mais les applications de ce genre exigent une réunion de circonstances favorables qui se rencontre très-rarement.

Le tableau du n° 316 est déduit des expériences, mais par l'intermédiaire de théories et de calculs assez obscurs. On pourrait croire en lisant ce numéro et sa table que la vitesse donnée par l'ajutage cylindrique seul est multipliée par 2,45 lorsqu'on ajoute l'ajutage divergent de 7 degrés. Or il n'en est rien ; le détail des expériences cité à la fin du troisième volume montre que dans ce cas la vitesse est multipliée seulement par 1,50. Ce résultat se rapproche de ceux obtenus sur les liquides par Venturi et Eytelwein (312, 313).

Dans le cas où on aurait à employer les ajutages divergents, il faudrait se baser sur les expériences rapportées à la fin du troisième volume et non sur les données du n° 316. L'étude des ajutages est surtout utile, comme on le verra plus loin, pour les applications aux changements de section des conduites.

CHAPITRE V.

FROTTEMENT DANS LES TUYAUX DE CONDUITE DE GAZ.

319.

Lorsque dans l'écoulement d'un fluide le frottement est la seule résistance que l'on considère, la pression ou la charge qui sont la cause du mouvement se partagent en deux parties ; l'une produit la vitesse, l'autre est dépensée à vaincre les frottements. Pour trouver une formule qui serve dans chaque cas particulier à déterminer cette répartition, il faut évaluer le frottement et il faut de plus que cette évaluation soit mise sous une forme qui la rende comparable à la charge.

Pour plus de clarté nous multiplierons la hauteur de charge P par la densité poids d ; le produit Pd représente une pression c'est-à-dire une force, le frottement devra donc aussi être estimé comme force.

Dans un tuyau quelconque parcouru par un fluide le frottement est une force que le mouvement développe sur tous les points de la surface frottante et qui par conséquent est proportionnel à cette surface S. Il est en outre très-probable *à priori* que le frottement est proportionnel au quarré de la vitesse et à la densité masse du fluide.

Soient p la hauteur de charge qui correspond à la vitesse réelle et s la section du tuyau, les charges P et p sont rapportées à l'unité de surface, leurs actions totales sont donc Ps et ps et on a :

$$p\,d\,s + K\,v^2\,m\,S = P\,d\,s.$$

K est un coefficient à déterminer par expérience.

On peut à v^2 substituer $2gp$, et mg étant égal à d l'équation devient :

$$p\,s + 2\,\mathrm{K}\,p\,\mathrm{S} = \mathrm{P}\,s.$$

Si la figure du tuyau était quelconque, il faudrait mettre l'équation sous la forme différentielle en considérant une tranche et intégrer. Si le tuyau est cylindrique, la section étant constante il suffit de substituer à s et S leurs valeurs pour chaque cas particulier. Prenons un cylindre à base circulaire :

$$\mathrm{S} = \pi\,\mathrm{D}\,\mathrm{L}$$
$$s = \pi\,\frac{\mathrm{D}^2}{4} \qquad \text{et l'équation devient :} \quad p\,\mathrm{D} + \frac{\mathrm{K}}{2}\mathrm{L}\,p = \mathrm{P}\,\mathrm{D}.$$

K étant un coefficient on peut y faire rentrer le facteur 2. L'équation donne alors la valeur de p :

$$p = \mathrm{P}\,\frac{1}{1 + \dfrac{\mathrm{K}\,\mathrm{L}}{\mathrm{D}}}$$

Il reste à vérifier l'exactitude de la formule et à déterminer K. Ces deux résultats s'obtiennent à la fois par l'expérience. Des essais nombreux ont été faits en variant les longueurs et les diamètres des tuyaux ainsi que les pressions. On a mesuré les vitesses d'écoulement et toutes les variables contenues dans la formule étant ainsi connues directement excepté K, on s'est servi de la formule pour calculer ce coefficient. Les calculs ont toujours donné sensiblement la même valeur, K est donc indépendant de p, de L et de D, ce qui prouve que la formule est bonne.

Péclet pense que la valeur de K est indépendante même de la nature de la surface intérieure des tuyaux, mais il serait imprudent d'étendre cette conclusion aux conduits en maçonnerie qui présentent presque toujours de nombreuses aspérités.

336, 337, 343 à 347, 350.

CHAPITRE VI.

CHANGEMENTS DE DIRECTION DANS LES TUYAUX DE CONDUITE DE GAZ.

353, 354, 355, 356 et 360.

Péclet fait observer lui-même que sa formule pour les coudes brusques n'est pas applicable lorsque l'angle est inférieur à 20°. Il est même douteux qu'elle le soit jusqu'à cette limite, car on peut s'assurer que pour 20° elle donne la même perte que la formule des déviations arrondies, on n'aurait donc aucun avantage sensible à arrondir des coudes de 20° et une telle conséquence n'est pas de nature à inspirer beaucoup de confiance dans les formules.

D'ailleurs, au n° 356, Péclet n'indique pas à quelle distance du sommet de l'angle il suppose le recoupement et de même au n° 360 le rayon des raccordements courbes n'aurait aucune influence, ce qui semble bien difficile à admettre.

Dans les applications, il sera donc prudent d'arrondir avec les plus grands rayons possibles les coudes qu'on ne pourra éviter.

CHAPITRE VII.

CHANGEMENTS DE SECTIONS DANS LES TUYAUX DE CONDUITE DE GAZ.

363. Péclet considère ici un tuyau dont la section augmente brusquement et pour plus de commodité il suppose séparés deux phénomènes qui dans la réalité sont étroitement unis. Le premier effet est un accroissement de charge qui résulte de la diminution de pression autour de la veine ; la question ici est purement expérimentale. Le second effet se conçoit *à priori*, il est bien clair que les volumes de gaz qui passent dans le même temps par les deux sections étant égaux, les vitesses sont en raison inverse des sections.

On peut voir à propos de ces questions combien la considération des vitesses est souvent plus simple que celle des pressions. Les formules de Péclet sont compliquées et obscures. Appelons comme lui V la vitesse qu'aurait le gaz si le tuyau débouchait dans l'atmosphère. L'influence du rélargissement fait passer cette vitesse à la valeur Ψv, Ψ étant un coefficient plus grand que l'unité et dont les valeurs sont à la fin du n° 364. D étant le diamètre du premier tuyau, D_1 celui du second, la vitesse dans ce dernier tuyau devient :

$$\Psi\, V\, \frac{D^2}{D_1{}^2}$$

La même formule s'applique à la question traitée dans le n° 370, seulement les valeurs de Ψ sont différentes. Il suffit de prendre le rapport de ces valeurs dans les deux cas pour apprécier l'avantage des raccordements coniques sur les changements brusques de section.

Le tableau du n° 370 est le même que celui du n° 316. Nous avons déjà dit qu'il ne fallait pas s'en servir et que les seuls chiffres méritant confiance étaient ceux des vitesses expérimentales donnés à la fin du troisième volume.

Si on veut avoir les charges, il est facile de les déduire des vitesses.

CHAPITRE VIII.

ÉCOULEMENT DES GAZ PAR DES TUYAUX DE FORME QUELCONQUE.

La conclusion du n° 381 est très-importante.

384 à 388. La rédaction des n°ˢ 393 et 394 est assez obscure. Le sujet ayant de l'importance, nous devons donner quelques éclaircissements. Lorsqu'un gaz circule dans un canal qui sur une certaine longueur se partage en plusieurs tuyaux, le gaz se répartit dans les divers circuits de telle sorte que la résistance soit la même pour chacun d'eux. Il faut comprendre dans la résistance toutes les dépenses de charge de quelque nature qu'elles soient. Ce principe de l'égalité de résistance est donc général et non particulier au cas de tuyaux tous semblables, comme Péclet paraît le dire au n° 394. Mais lorsque les branchements sont différents, les vitesses avec lesquelles le gaz les parcourt sont différentes aussi. Pour trouver une de ces vitesses il faut faire le calcul des résistances de tous les canaux, de telle sorte qu'on ne tire pas grand avantage du principe. Le calcul devient au contraire fort simple si tous les tuyaux sont semblables, puisqu'il suffit de déterminer la résistance pour un seul. A ce point de vue peu importe que la section du canal général soit égale à la somme des sections des canaux partiels, ou qu'elle soit différente.

CHAPITRE IX.

ÉCOULEMENT DE LA VAPEUR SOUS DIFFÉRENTES PRESSIONS

Ce sujet sera traité dans le cours à propos du chauffage à vapeur.

CHAPITRE X.

411, 412. M. Neumann construit les anémomètres Combes avec des soins minutieux; les appareils du même genre qu'on trouve dans le commerce laissent en général beaucoup à désirer. Quelle que soit la perfection des anémomètres, ils mesurent difficilement des vitesses inférieures à 0^m30 et par conséquent ils manquent d'exactitude pour les vitesses variables qui s'abaissent momentatanément au-dessous de cette limite.

412 *bis*, 413, 414, 416, 417. Les appareils décrits dans les numéros 420 et suivants, laissent encore beaucoup à désirer au point de vue pratique. Nous devons le regretter, car les mouvements de l'air pour foyers, séchage et ventilation prenant un grand développement dans les manufactures, il serait très-important d'avoir des instruments simples placés à demeure de distance en distance sur les conduites, pour vérifier sans peine les vitesses des courants. M. Kretz est parvenu à employer le système du n° 431 en choisissant pour liquides de l'eau alcoolisée et de l'huile. Ces manomètres différentiels peuvent rendre de bons services dans une étude assez courte, mais ils ne conviennent pas comme indicateurs permanents parce qu'ils s'altèrent très-vite. Les ingénieurs qui désireraient des renseignements plus explicites sont invités à écrire au service central.

LIVRE TROISIÈME.

DES CHEMINÉES.

Dans le livre précédent on s'est occupé des écoulements de gaz et de leur relation avec les différences de pression qui les déterminent. Dans les livres III et IV on remonte aux causes des différences de pression et aux moyens industriels de les produire.

Les différences de température sont une de ces causes et la seule qui existe dans la nature. Elles agissent constamment sur l'atmosphère et déterminent tous ses mouvements. Dans l'industrie, lorsqu'on veut obtenir des écoulements de gaz à l'aide de différences de température, on a recours aux cheminées (433, 434).

On verra plus loin que les cheminées n'ont pas des fonctions aussi restreintes que celles que Péclet leur assigne dans ces deux numéros.

CHAPITRE 1er.

MOUVEMENT DE L'AIR CHAUD DANS LES TUYAUX VERTICAUX

435 à 443. — Conclusion du n° 444. — 451 à 454.

Depuis le n° 456 jusqu'à la fin du chapitre, Péclet compare sa nouvelle théorie du tirage des cheminées avec celle qu'il donnait dans ses précédentes éditions. Il est évident que l'air est froid lorsqu'il arrive de l'extérieur pour entrer dans le circuit et qu'il prend alors une première vitesse qui doit dépendre des formules relatives à l'air froid, mais il nous paraît hasardé d'admettre que, lorsqu'ensuite l'air augmente de volume en s'échauffant, sa vitesse s'accroît en proportion sans réagir aucunement sur la vitesse d'accès de l'air froid.

Ce principe conduirait à la production d'une somme indéfinie de force vive par une quantité limitée de travail, puisque la vitesse du gaz peut devenir aussi grande qu'on voudra, pourvu que l'échauffement soit suffisant, tandis que le travail moteur pour donner le mouvement primitif au gaz froid reste constant. Cette difficulté paraît insoluble à moins qu'on ne suppose la transformation d'une certaine quantité de chaleur en travail, mais une hypothèse sans preuves n'est pas une bonne explication.

Au point de vue expérimental, les opérations de Péclet sur l'appareil n° 62, qu'il donne comme les plus décisives, nous semblent sujettes à de graves objections. Le tube AB, dans lequel l'air n'était pas échauffé, avait une section environ six fois plus petite que celle du tube placé à la suite. N'est-il pas évident sans formule que presque toute la charge était employée à produire la vitesse de l'air dans ce tube étroit et que les phénomènes relatifs au tube BC n'exerçaient aucune influence notable ?

On verra plus loin que les dimensions des cheminées des grands foyers se déterminent par des formules empiriques. Quant aux cheminées de ventilation, les différences de température y sont assez faibles pour que les deux théories donnent sensiblement les mêmes résultats. Il semble donc que la question n'a pas d'importance pour nos applications. Cependant nous ne croyons pas devoir passer entièrement sous silence les conséquences singulières des nouvelles formules de Péclet. On en verra un exemple dans le chapitre suivant.

CHAPITRE II.

CONSIDÉRATIONS GÉNÉRALES SUR LES CHEMINÉES D'USINES

Au lieu de cheminées d'usines il serait peut-être plus clair de dire : cheminées des grands foyers.

464, 465, 466. — Il est très-commode de tirer des conclusions d'une formule, mais il est très-avantageux de chercher aussi à comprendre ces conclusions et à les rattacher à des notions déjà acquises. Cette précaution devient tout-à-fait nécessaire lorsqu'il s'agit de formules douteuses. En examinant l'équation du n° 465, on voit qu'elle n'est plus semblable aux équations ordinaires du mouvement des gaz dans lesquelles toutes les résistances sont proportionnelles au quarré de la vitesse. Ici le frottement est proportionnel au quarré de la vitesse de l'air chaud, tandis que les autres résistances semblent proportionnelles au quarré de la vitesse de l'air froid et, par conséquent, indépendantes de la température. Mais est-ce bien ainsi qu'il faut comprendre l'idée de Péclet? Dans le n° 470 il introduit la résistance d'un diaphragme et il admet qu'elle contient le facteur $(1 + at)^2$: dès lors, pour être logique, il faut supposer le même facteur dans toutes les résistances et par conséquent dans les termes généraux G et C.

1° Lorsque les valeurs de G et C sont très-grandes relativement au frottement dans la cheminée, ces valeurs peuvent être considérées comme les seuls éléments de perte de charge. Le circuit offre donc les mêmes résistances, il est constant sous ce rapport, quelles que soient les variations de hauteur de la cheminée. Or on sait, par la conclusion du n° 381, que, dans un circuit constant, la vitesse réelle est toujours, quelle que soit la pression, une même fraction de la vitesse qui aurait lieu s'il n'y avait aucune résistance. Dans le cas actuel les vitesses effectives doivent donc être proportionnelles à la racine quarrée de la charge, c'est-à-dire de la hauteur de la cheminée.

2° A la fin du paragraphe où G et C sont supposés nuls, il est dit : « la hauteur de la cheminée était presque sans influence sur le tirage par la raison que l'air n'éprouvait presque pas de résistance, » il faut ajouter *à l'entrée*, car si l'on prenait l'assertion dans un sens général elle serait complétement fausse. En supposant K H : D très-grand par rapport à 1, on admet au contraire que la résistance de frottement dans la cheminée est très-grande ou pour mieux dire qu'elle absorbe la presque totalité du travail. On voit de suite et sans formule que, dans ces conditions, la vitesse doit être en effet presque indépendante de la hauteur de la cheminée, ce qui est conforme à la conclusion de Péclet.

3° Nous avons été conduits à admettre précédemment que G et C contenaient implicitement le facteur $(1 + at)^2$, dès lors les raisonnements de Péclet, dans ce paragraphe, ne sont plus acceptables, puisqu'il supposent G et C indépendants de la température.

Il est inutile d'entrer dans les détails des formules des n⁰ˢ 467, 468, 469 et 470, mais il faut prendre une idée générale de l'influence des diaphragmes. La conclusion du n° 470 est vérifiée par l'expérience journalière sur les fourneaux. On verra plus tard que d'autres causes peuvent contribuer à produire ce résultat.

471, 472. Les fissures qui existent souvent dans la partie supérieure des cheminées, sont toujours noircies, ce qui prouve qu'il n'y a pas aspiration de l'air extérieur, au moins d'une façon constante. Cela peut résulter de l'influence des vents et des rétrécissements au sommet.

474 à 477.

CHAPITRE III.

DIMENSIONS DES CHEMINÉES D'USINES.

482, 483. Nos cheminées pour chaudières à vapeur ont toujours au moins 25 mètres de hauteur. Néanmoins nous calculons leur section à l'orifice supérieur pour une dépense de 3 kilog. au plus de houille par décimètre quarré, parce qu'il y a toujours des accroissements de dépense par la suite. Lorsqu'on arrive à brûler 5 kilog. de houille par décimètre quarré, le tirage n'a plus toute la régularité désirable. Il n'est cependant pas impossible d'aller plus loin : la manufacture de Paris a dépensé, pendant plusieurs hivers, 7 à 800 kilog. de houille par heure avec une cheminée d'un mètre quarré, mais la marche était très-difficile.

484, 486, 487.

488. Péclet dit que Clément prenait le cinquième de la vitesse calculée, ce qui conduisait à une section *trop grande*. Cela peut paraître singulier, lorsqu'on voit Péclet prendre lui-même de 0,18 à 0,16 de la vitesse $\sqrt{2\,gh}$ (483). Cette contradiction apparente vient probablement de ce que Clément appliquait la vitesse à l'air chaud.

489, 494, 495, 498.

CHAPITRE IV.

CHEMINÉES D'APPEL.

500. L'air appelé par nos cheminées de ventilation n'est pas chauffé par le passage à travers un foyer, mais les formules et considérations générales restent toujours applicables puisqu'elles dépendent seulement de la différence de température et non de la cause qui produit cette différence.

501, 502. On trouvera des détails sur nos cheminées d'appel aux chapitres : séchoirs et ventilation.

CHAPITRE V.

CONSTRUCTION DES CHEMINÉES.

504 à 506. La forme circulaire est toujours adoptée maintenant pour les grandes cheminées isolées. Cette forme, outre les avantages indiqués par Péclet, a ceux d'être plus solide et de donner moins de prise au vent.

507, 508. Au point de vue de l'aspect, la pente extérieure doit être d'autant plus forte que la cheminée est plus grosse ou moins haute. La pente de 0,025 est toujours trop faible pour nos applications.

509, 510. Nos cheminées sont en général entourées de bâtiments ayant jusqu'à 20 mètres de hauteur, elles sont en outre dans l'intérieur des villes. Cette situation conduit à leur donner 30 mètres de hauteur et quelquefois davantage.

On peut, avec des briques ordinaires, construire des cheminées rondes bien régulières pourvu que leur diamètre extérieur minimum ne descende pas au-dessous d'un mètre. Cependant il est encore mieux de faire fabriquer des briques spéciales en forme de voussoirs. Le nombre des modèles ne doit pas dépasser vingt. Ce système n'est pas plus coûteux que l'emploi des briques ordinaires, parce qu'il permet de réduire les épaisseurs de la cheminée, mais il peut entraîner des difficultés et des lenteurs, si les briqueteries ne sont pas à proximité et habituées à fournir sur modèles.

511. Les ouvertures dans les cheminées doivent être très-solidement voutées pour prévenir tout tassement. Le conduit de fumée arrive ordinairement sous le sol ; l'ouverture de ramonage, au contraire, est en général au-dessus du socle, encadrée de pierres de taille et fermée par une porte en fonte. Derrière cette porte, on place une cloison en briques.

Les barres indiquées par Péclet pour servir d'échelle sont peu commodes et donnent une grande quantité de scellements qui nuisent à la maçonnerie. Nous employons de véritables échelles en fer, supportées par des traverses placées sur chacune des retraites intérieures de la maçonnerie de la cheminée. Les deux extrémités de ces traverses s'engagent entre les briques, mais il faut avoir bien soin de ne pas les faire butter et de laisser leur dilatation libre, sans quoi elles pourraient produire des déchirements dans la maçonnerie. La fissure qui s'est déclarée dans la partie supérieure de la grande cheminée de la manufacture de Paris, n'a probablement pas d'autre cause. Les échelles sont réunies entre elles et aux traverses par des ajustements à coulisses qui laissent toute liberté aux dilatations. Cette précaution est indispensable, car en passant de 0° à 300°, une échelle de 30 mètres peut s'allonger de 13 centimètres.

512. Pour l'établissement des cheminées, les règles à suivre sont celles de l'art des constructions en général, mais il faut appliquer ces règles avec plus de soin et de prudence que dans tout autre cas.

D'abord les fondations doivent autant que possible être établies sur une couche de terrain parfaitement résistante, telle que roc ou gravier. La maçonnerie depuis cette couche jusqu'au sol sera construite très-également et de façon à éviter les tassements. Il est bon de laisser au milieu un vide un peu moins large que celui de la cheminée, parce que dans les grands massifs pleins, les parties centrales sont souvent mal façonnées. Si l'on ne peut pas fon-

der au solide, il faut s'établir sur une couche épaisse de bon béton
dont la superficie sera calculée de manière que la charge de la
cheminée ne donne pas sur le terrain un poids de plus d'un kilog.
par centimètre quarré ou même un demi kilog. dans les cas défa-
vorables.

La grande cheminée de la manufacture de Paris a été fondée à
plus de 8 mètres de profondeur sur une couche de sable impur
constamment baigné dans l'eau. Le béton est un quarré de 8 mètres de côté ; le poids de la cheminée, avec ses fondations, s'élève
au moins à 600,000 kilog. ; la charge atteint donc un kilog. par
centimètre quarré, mais on a pris beaucoup de précautions pour la
répartir également.

513. Nous ne mettons pas ordinairement de briques réfractaires
dans les cheminées, mais lorsque le carneau de fumée arrive à travers une fondation en maçonnerie de pierre, il faut avoir soin de
revêtir en briques ordinaires toutes les parties que le courant d'air
chaud peut rencontrer.

Au-dessus du sol les cheminées se composent ordinairement
de trois parties : le piédestal, le fût et le couronnement ou chapiteau.

La partie inférieure du piédestal est un socle en pierre dure
comme dans toute les constructions un peu soignées. Au-dessus du
socle, le corps du piédestal en briques peut être rond ou mieux
octogonal avec les angles formés de chaînes de pierres de taille.
Ces chaînes ayant moins de tassement que les briques, qui forment le corps de la construction, peuvent être exposées à soutenir
la charge entière de la cheminée ; il faut donc y employer une espèce de pierre suffisamment résistante ou prendre les précautions
convenables pour reporter la pression sur les briques. Le couronnement du piédestal se fait aussi en pierres de taille qui peuvent
être à la rigueur d'une autre espèce que celles des chaînes d'angle
et moins dures ; cependant il faut remarquer que le couronnement
repose sur les chaînes d'angle par une surface égale à la section de
ces chaînes et que toute la charge peut s'y transmettre.

Dans la pose de toutes les pierres de taille, il faut avoir grand soin d'employer du mortier bien passé au crible ou des coulis de ciment à prise lente, d'éviter les porte-à-faux et de faire bien asseoir les pierres, surtout vers leurs extrémités.

Fût. — Il en a déjà été question aux nᵒˢ 509 et 510.

514. Nos grandes cheminées se construisent toujours sans échaffaudage extérieur. Afin d'obtenir un fût bien régulier, il faut faire des vérifications fréquentes à mesure que la construction s'élève et avoir des instruments commodément arrangés pour atteindre ce but. On trouvera sur ce point et sur beaucoup d'autres des renseignements dans le cahier des charges générales pour la construction des fourneaux et grandes cheminées.

Couronnement ou chapiteau. — 515 et 516. Les chapiteaux, pour être apparents, ont besoin d'avoir une assez forte saillie On comprend aisément que dès lors il y a inconvénient à les construire en briques, c'est-à-dire en petits matériaux susceptibles de se détacher par fragments. Nous faisons d'ordinaire les chapiteaux en quatre ou six pierres de taille reliées deux à deux par des crampons bien scellés.

Quoique les pierres de taille présentent moins de joints que les briques et par suite beaucoup moins de facilités à l'infiltration de la pluie, il est bon cependant de recouvrir les chapiteaux avec une plaque mince de métal. Nous préférons le cuivre au fer malgré son prix plus élevé.

517 à 520. Le défaut des armatures intérieures est toujours de disjoindre la maçonnerie. Elles auraient plus d'inconvénients que d'avantages dans nos cheminées où la température n'est pas très-élevée.

521, 522. Les registres circulaires ou papillons sont dangereux dans les chambres à coucher parce qu'ils se ferment souvent d'eux-mêmes et peuvent produire l'asphyxie pendant la nuit.

523. Les torréfacteurs contiennent des registres analogues à celui de la figure 78, mais avec un système d'arrêt beaucoup plus commode.

La disposition de la figure 79 est celle que nous adoptons en général pour les grandes valves.

524, 525, 526.

Cheminées d'habitation.

527 à 534.

CHAPITRE VI.

INFLUENCE DE L'ÉTAT DE L'ATMOSPHÈRE SUR LE TIRAGE DES CHEMINÉES.

535 à 548. En lisant les n⁰ˢ 543 à 547, on voit de suite que les sujets dont ils traitent sont fort obscurs et que Péclet, malgré sa forme souvent très-affirmative, ne dit, au fond, rien de précis. Les influences dont il s'agit n'ont aucune importance réelle, à moins que le tirage ne soit insuffisant ; mais ce cas rentre dans la loi générale des appareils quelconques poussés à leurs dernières limites de production, et qui peuvent alors être dérangés par les moindres causes accidentelles. Les études sur de pareilles situations offrent de grandes difficultés et fort peu d'intérêt.

L'assimilation du n⁰ 546 entre les appareils de combustion et l'organe de la respiration nous paraît tout à fait erronée dans le cas actuel.

CHAPITRE VII.

APPAREILS DESTINÉS A SOUSTRAIRE LE TIRAGE DES CHEMINÉES A L'INFLUENCE DES VENTS ET DE LA PLUIE.

Appareils pour le sommet des cheminées.

Les grandes cheminées, dans lesquelles la température est très-élevée, ne sont ordinairement munies à leur sommet d'aucun des appareils décrits par Péclet ; mais on rétrécit souvent leur orifice supérieur. En effet, lors de l'établissement d'une cheminée, il n'est pas prudent de calculer son diamètre pour suffire strictement aux besoins immédiats ; on doit réserver une certaine latitude pour les accroissements possibles de consommation. La cheminée étant ainsi trop large, au moins dans les premiers temps de son emploi, les gaz déboucheraient dans l'atmosphère avec une vitesse trop faible et les vents violents pourraient produire des remous dans l'intérieur de la cheminée. On obvie à cet inconvénient en rétrécissant la sortie à l'aide des plaques métalliques qui recouvrent le chapiteau. On a vu, au n° 255, les effets de ce genre d'orifice en mince paroi. Lorsque la consommation de combustible vient à s'accroître et que le tirage n'est plus dans les meilleures conditions, il faut rogner les plaques pour élargir la sortie.

549 à 557. Les appareils décrits par Péclet sont presque toujours nécessaires pour les cheminées d'appartements et les cheminées de ventilation. Dans ce dernier cas la mitre de Millet peut s'employer, parce qu'il n'y a pas de fumée : nous en avons souvent fait usage avec succès.

En général, à égalité de vitesse, plus la masse de gaz en mouvement est grande par rapport à la section du débouché dans l'atmosphère et moins l'influence des vents est sensible. Cela tient à ce que les vents ont presque toujours des maximums d'intensité très-courts qu'on désigne souvent par le mot rafales. Il arrive constamment qu'un tirage résiste à la force ordinaire du vent et qu'il n'est refoulé que momentanément par les rafales. Ce phénomène est très-visible dans les cheminées ordinaires ; on le reconnaît aussi dans les cheminées de ventilation soit avec la main, soit mieux avec un anémomètre. Or, il est clair qu'un courant une fois établi résiste à des actions momentanées comme celles des rafales en raison de la force vive qu'il possède. Il y a donc avantage pour la régularité du tirage à augmenter la masse en mouvement, même sans accroître la vitesse.

Appareils pour les prises d'air.

Dans les cas où l'on ne dispose pas de tirages très-énergiques, il faut autant que possible disposer les prises d'air extérieures dans le sens des vents les plus habituels et les plus violents.

CHAPITRE VIII.

APPAREILS DESTINÉS A MESURER LE TIRAGE.

Il serait utile de placer à demeure, sur les cheminées, des manomètres du genre de ceux décrits à la fin du livre II.

LIVRE QUATRIÈME.

MOUVEMENTS DE L'AIR PRODUITS PAR DES MACHINES OU DES JETS DE VAPEUR.

Les ventilateurs et autres machines soufflantes appartiennent au cours de mécanique appliquée.

Les jets de vapeur employés pour produire des mouvements d'air donnent un effet utile très-faible. Il y a donc lieu d'en restreindre l'application au cas des locomobiles où la vapeur sortant du cylindre ne peut plus recevoir d'autre destination utile. Si dans quelque circonstance exceptionnelle on voulait faire usage de jets de vapeur, il serait bon d'après le n° 630 de combiner un petit appareil qui sous l'action de la vapeur produirait de lui-même des intermittences.

Dans le dernier chapitre du livre, Péclet parle d'accumuler le travail d'un homme pendant une heure, en faisant élever par cet homme des poids solides dont la descente servirait ensuite à mettre en mouvement un ventilateur. Le travail de 25,000 kilogram-mètres représente un poids de 2,500 kil. élevé à 10 mètres ; on peut se figurer ce que seraient les rouages d'une horloge ou d'un tournebroche proportionnés à un pareil moteur. La seule forme pratique d'accumulation est donc l'élévation de l'eau que Péclet propose à la fin du chapitre.

LIVRE CINQUIÈME.

DES FOYERS.

639. Il est probable, comme le dit Péclet, que les grandes grilles à barreaux métalliques ont été imaginées pour la houille. Toutefois, même dans les foyers domestiques et pour le bois, on a dû dès l'origine se servir de chenets qui sont des grilles à l'état rudimentaire.

640.

CHAPITRE Iᵉʳ.

DES FOYERS ORDINAIRES A FLAMME DROITE.

641 à 645.

646. Pour les foyers à houille et à coke nos barreaux n'ont que quinze millimètres d'épaisseur avec cinq millimètres d'intervalle. Nous pensons que dans nos applications il y a avantage à ne pas s'écarter beaucoup de ces chiffres. La question générale est très-complexe et, ne pouvant la traiter ici avec développements, nous nous bornerons aux observations suivantes :

Plus les intervalles entre les barreaux sont larges et plus il tombe de menus morceaux de combustible dans le cendrier.

Les barreaux étroits ont l'avantage de distribuer l'air plus également sur le combustible.

Le rapport entre le plein et le vide devrait varier suivant la nature du combustible et la quantité à brûler par mètre carré de grille. Mais on ne peut presque jamais empêcher de grandes variations dans ces deux éléments, il faut donc adopter des dispositions moyennes.

647 à 649. La consommation de 40 à 60 kil. par mètre carré et par heure nous paraît la plus convenable, mais, comme le dit Péclet, ce n'est pas le moment de discuter cette question. La combustion de 3 à 400 kil. de coke par mètre carré et par heure ne peut concerner que les foyers de locomotive ou autres à vent forcé.

650.

Appendices. — Il faut toujours mettre d'un seul côté les appendices des extrémités et des milieux des barreaux et leur donner par conséquent une saillie égale à la totalité de l'intervalle qu'on veut conserver entre les barreaux. En effet, les barreaux des grilles sont fondus très-grossièrement et les saillies des appendices varient souvent de un à deux millimètres en plus ou en moins. Pour obtenir des contacts et des intervalles réguliers il faut donc faire venir ces saillies un peu trop fortes, afin de n'en avoir jamais de trop faibles, et ensuite enlever à la meule l'excédant variable. Cette opération est réduite de moitié lorsque les saillies sont d'un seul côté. Ce système rend d'ailleurs les irrégularités moins sensibles lorsqu'on ne veut pas se donner la peine de passer les barreaux à la meule. Il est vrai que dans le cas d'un seul appendice au milieu on ne peut plus retourner les barreaux, mais cette objection a peu de valeur parce que sur des barreaux longs et minces comme les nôtres il convient de mettre des saillies à chaque tiers de la longueur et alors le retournement est possible.

Hauteur des barreaux. — La hauteur de 8 à 10 centimètres donnée au milieu des barreaux de 1 mètre de longueur serait ridicule si elle devait simplement mettre ces barreaux en état de supporter leur propre poids et celui du combustible. Mais il y a d'autres conditions à remplir, les barreaux doivent être très-solides pour vaincre les résistances accidentelles souvent considérables qui s'opposent à leur dilatation. Enfin le point le plus essentiel est de présenter au courant d'air arrivant à travers la grille une surface de contact suffisante pour qu'il puisse enlever la chaleur reçue par la partie supérieure du barreau et maintenir celui-ci à une température moyenne assez basse (voir 647). A ce point de vue la forme parabolique de la nervure inférieure du barreau n'est pas bien justifiée, et si 8 à 10 centimètres sont nécessaires pour le refroidissement, il faudrait donner cette hauteur non-seulement d'un bout à l'autre du barreau mais aux barreaux courts aussi bien qu'aux barreaux longs. En outre, la hauteur devrait être d'autant plus grande que le barreau est plus épais.

Dilatation. — Quelque soit le jeu laissé pour la dilatation, les barreaux fléchissent très-souvent de côté, s'ils ne sont pas bien épaulés, ou se soulèvent au milieu. Cet effet provient de ce que les espaces réservés pour la dilatation se remplissent de scories ou de fragments de briques, matières très-résistantes que le barreau en se dilatant ne peut pas toujours écraser et expulser. On verra plus tard à propos des torréfacteurs une disposition qui paraît convenable pour remédier à cet inconvénient.

651 à 653. Dans beaucoup de foyers, notamment dans des foyers métallurgiques on trouve avantage à écarter les barreaux et à laisser les scories s'accumuler au-dessus de la grille jusqu'à former un lit sur lequel repose le combustible. Le chauffeur agit de temps en temps par dessous entre les barreaux avec la pointe d'une lance pour soulever légèrement les scories ou pour pratiquer de petites ouvertures sur les points où la combustion languit. Ce système s'accorde bien avec l'emploi des houilles collantes, mais il exige une très-grande hauteur de cendrier, ce qui entraînerait de graves inconvénients dans nos applications.

654. L'épaisseur de la couche de combustible sera discutée plus tard. Péclet dit que l'espace au-dessus du foyer doit être suffisant pour permettre le développement de la flamme, cette expression peut paraître obscure, en voici le sens : la flamme n'est pas autre chose que le courant gazeux, il faut donner à ce courant une section suffisante au-dessus du foyer comme dans tout le reste de la circulation et il faut, en outre, que la combinaison chimique entre les gaz soit terminée avant qu'ils n'arrivent au contact de corps refroidissants.

655 à 658.

660. La maçonnerie placée derrière le foyer et qu'on nomme autel sert seulement à maintenir le combustible. L'autel ne doit donc s'élever au-dessus de la grille que d'une hauteur un peu

supérieure à l'épaisseur de la couche du combustible. La dégradation de chaudières au-dessus d'un autel trop élevé est un cas particulier d'un phénomène beaucoup plus général. Lorsqu'une flamme rencontre un obstacle qui la force à changer brusquement de direction, il peut arriver qu'elle s'éteigne, mais si l'obstacle est chaud ou que par un autre motif il ne puisse refroidir beaucoup la flamme, celle-ci acquiert dans le changement de direction une grande intensité. Ce résultat s'explique aisément, car les diverses veines fluides subissant très-inégalement l'influence de l'obstacle doivent se mélanger par des remous ou des tourbillonnements, et les contacts multipliés qui s'ensuivent entre les particules gazeuses favorisent les combinaisons chimiques qui développent la chaleur. Si la flamme ainsi activée est dirigée sur un corps quelconque elle lui transmet une grande quantité de chaleur en raison de sa haute température et de sa vitesse. Il y a là quelque analogie avec un dard de chalumeau. Le corps soumis à cette action est donc très-exposé à subir les changements qui accompagnent presque toujours les températures élevées ou les fortes transmissions de chaleur, tels que fusion, oxidation, rupture par dilatations inégales, déformations, usure, etc.

661 à 663.

665 à 667. On doit toujours appliquer aux portes des foyers l'une des dispositions indiquées dans les numéros 666 et 667.

668 à 670. Ces numéros nous amènent naturellement à dire quelques mots sur la question de la fumée, question qui se représentera sans cesse dans les chapitres suivants et qu'il convient d'éclaircir d'avance.

Fumée, sa composition et son origine. — On appelle fumée en général tout ce qui colore les gaz provenant de la combustion et trouble leur transparence. Par extension le mot fumée s'applique aux gaz ainsi colorés et rendus plus ou moins opaques, mais nous ne l'emploierons jamais que dans son premier sens.

La composition de la fumée est très-variable et en général fort complexe.

Des parcelles de cendres et de sels volatils sont entraînées par le courant gazeux, elles ne donnent qu'une fumée blanche ou grisâtre peu épaisse.

Les produits de la distillation des matières organiques et notamment ceux qu'on désigne sous le nom de goudrons composent des fumées souvent très-épaisses, de couleur blanche, jaune ou rousse.

Enfin les matières du genre de la suie, dans lesquelles le carbone prédomine fortement donnent des fumées noires souvent très-opaques.

La fumée contient presque toujours à la fois ces trois sortes d'éléments.

La classification que nous venons d'indiquer ne repose pas seulement sur des différences de composition chimique et d'aspect, mais aussi sur l'origine et le mode de formation des matières.

Les goudrons sont produits par la distillation des combustibles, les fumées de ce genre sortent donc en général toutes formées du combustible. Les particules noires, au contraire, résultent presque toujours d'une action ultérieure. Quelquefois ce sont de très-petits morceaux de houille ou de coke entraînés par le courant gazeux, mais la masse ne se produit que par le dédoublement des hydrogènes carbonés, dédoublement qui s'opère, comme on le sait, lors d'une combustion incomplète ou plus rarement sous l'influence d'une température très-élevée en l'absence d'oxygène.

On peut étudier sur les flammes des lampes les phénomènes de combustion complète ou incomplète. Lorsqu'il n'y a pas de verre, la flamme assez vive auprès de la mèche devient rougeâtre un peu plus haut, ce qui indique la prédominance du carbone, et se termine par une colonne de noir de fumée. Les gaz combustibles, les gaz brûlés et l'air se meuvent parallèlement avec des vitesses peu différentes, la flamme s'enveloppe de gaz brûlés et l'oxigène ne lui arrive plus. Si on met un verre, la vitesse de l'air et des gaz brûlés augmente dans une plus forte proportion que celle des gaz combustibles, les contacts se multiplient, la flamme se raccourcit et la combustion devient plus rapide et complète. Le changement de diamètre que présente le verre doit être placé vers le milieu de la flamme, il a pour effet de projeter le courant d'air sur les gaz combustibles. On peut s'assurer que la flamme se raccourcit à mesure que la vitesse de l'air augmente, en prolongeant le verre avec un tuyau de même diamètre, en papier par exemple.

Suppression de la fumée. — Toutes les fois qu'il s'agit de faire disparaître la fumée, des opinions très-divergentes se produisent et cherchent à se résumer par des mots caractéristiques. Les uns disent: il faut brûler la fumée, les autres répondent: non, il faut l'empêcher de se produire. Nos explications précédentes montrent dans quelles limites ces opinions sont exactes. D'abord on ne peut pas brûler les matières minérales, ni empêcher leur entraînement hors du foyer, mais lorsque les conduits sont longs et contournés comme il arrive presque toujours, ces matières se déposent et ne sortent qu'en très-minime quantité par l'orifice supérieur de la cheminée. Nous n'en parlerons plus à l'avenir.

On ne peut pas empêcher la production des goudrons puisqu'ils sortent tout formés du combustible soumis à l'action de la chaleur, mais on peut les brûler sous forme de flamme parce que ce sont des vapeurs ou des liquides volatils et très-divisés.

On peut empêcher la production des corps noirs et il est très-important de le faire pour supprimer la fumée, parce qu'ils sont très-difficiles à brûler. En effet, ces particules noires ont, quoique très-petites, un volume appréciable, elles sont solides et non volatiles, leur combustion complète exige donc un temps beaucoup plus considérable que celle des goudrons, et de plus elle ne se propage pas de proche en proche comme une flamme. Pour les brûler dans une atmosphère déjà très-appauvrie en oxigène comme celle qui a traversé un foyer, il faudrait que cette atmosphère se maintînt à une température élevée pendant un temps assez long tel qu'un quart ou une moitié de minute. Cette condition ne peut être remplie dans les foyers autres que les foyers métallurgiques, car pour la bonne utilisation du combustible on doit au contraire refroidir le plus vite et le plus complétement possible les gaz de la combustion.

Production de la fumée dans les foyers ordinaires. — Dans les foyers ordinaires l'alimentation est intermittente, le chauffeur ouvre de temps en temps la porte et jette du combustible nouveau sur celui qui est déjà en partie consumé.

La marche d'un foyer alimenté avec un combustible naturel est donc périodique, la durée de la période est le temps qui sépare deux chargements successifs. En se reportant aux explications données au commencement du cours, on comprendra aisément qu'après un chargement la quantité de combustible qui est dans la première période de la combustion se trouve à son maximum. Toutefois cette première période de la combustion n'acquiert sa plus grande intensité que lorsque le combustible nouveau a pu s'échauffer suffisamment. Elle conserve quelque temps la même énergie, surtout lorsque les morceaux sont gros, puis elle décroit et, si les chargements sont assez espacés, il peut se faire qu'avant une nouvelle alimentation tout le combustible soit arrivé à la seconde période de la combustion.

Il est clair que l'état du foyer est d'autant moins variable que les chargements sont plus rapprochés et par conséquent plus faibles.

Lorsque le combustible employé est de la houille, chaque chargement est suivi d'une production de fumée noire plus ou moins épaisse et qui dure plus ou moins longtemps, selon diverses circonstances que nous laisserons de côté pour le moment.

Dans tous les cas cette fumée s'affaiblit graduellement et finit par disparaître. Elle n'occupe qu'une fraction assez faible du temps qui sépare deux chargements, à moins que le foyer ne soit mal conduit ou installé dans de mauvaises conditions.

La fumée noire après le chargement provient de causes multiples. Elle est surtout abondante lorsque le foyer, au moment de cette nouvelle charge, contenait encore beaucoup de combustible dans la première période de la combustion. En effet, la houille nou-

velle venant recouvrir les gaz très-carburés qui auparavant se déga-
geaient librement, les refroidit assez pour les empêcher de brûler
d'une manière complète. Les parties inférieures du combustible
frais, brusquement échauffées et mises en distillation avant les parties supérieures, produisent aussi le même phénomène, de sorte que
si la nouvelle couche est épaisse la fumée noire paraît souvent se
dégager de la houille elle-même, tandis qu'en réalité elle se produit entre les morceaux, dans l'épaisseur de la couche, par une combustion incomplète des carbures d'hydrogène. Cette production de
fumée est d'ailleurs favorisée par des causes accessoires. A ce
moment où la houille dégage le plus abondamment des gaz combustibles et où il faudrait beaucoup d'oxigène pour les brûler, la
quantité d'air qui traverse la grille tend au contraire à diminuer
parce que la couche plus compacte lui offre moins de passages :
enfin le foyer et ses parois sont un peu refroidis par le courant
d'air introduit pendant que la porte est restée ouverte. Mais le point
principal est la superposition de corps froids à du combustible dont
la distillation n'est pas terminée.

Lorsque la cheminée a cessé de dégager de la fumée noire, si on
ouvre la porte du foyer et qu'on aperçoive des flammes abondantes
qui prouvent que toute la houille est encore loin d'être réduite à
l'état de coke, on est à peu près sûr que l'ouverture de la porte
a fait reparaître la fumée. Celle-ci n'est pas toujours facilement
visible dans le foyer, mais on l'aperçoit à l'orifice supérieur de la
cheminée après le temps qui lui est nécessaire pour parcourir le
circuit.

La cause de la fumée est dans ce cas toute différente de celle que
nous avions examinée. L'air entre librement par la porte et cesse
de passer à travers la grille et le combustible qui lui opposent une
grande résistance. La houille en distillation dégage, comme avant
l'ouverture de la porte, des gaz combustibles, et ceux-ci ne rece-
vant plus d'air à travers la grille, forment une couche à peu près
pure au-dessus du foyer. Le courant d'air froid entrant par la porte
vient heurter le courant des gaz combustibles, mais leurs deux

masses arrivant ainsi séparées ne peuvent se mélanger assez intimement pour qu'il y ait combustion complète et le noir de fumée se produit.

Avantages de la suppression de la fumée. — On a proposé une multitude de moyens et d'appareils plus ou moins efficaces pour supprimer la fumée. Les inventeurs ont surtout été excités par l'idée que la destruction de la fumée augmenterait beaucoup l'effet utile du combustible. Mais c'est une erreur, car les particules noires qui s'échappent par une cheminée ne représentent qu'une portion extrêmement petite du poids de la houille et ne peuvent causer qu'une perte insensible.

La destruction de la fumée elle-même n'est qu'une affaire de salubrité et de propreté.

Toutefois, les nombreuses recherches faites, surtout depuis quelques années, pour atteindre ce but ont été très-utiles à un point de vue plus large, car elles ont amené les ingénieurs à étudier beaucoup mieux les phénomènes de la combustion et elles ont produit un grand nombre de dispositions nouvelles de foyers et, en général, une meilleure utilisation du combustible.

Principes de la fumivorité. — Les foyers proposés comme fumivores sont extrêmement variés, pour les apprécier facilement il est nécessaire d'avoir toujours présents à l'esprit quelques principes simples qui dérivent de nos explications précédentes.

Pour qu'il n'y ait pas de fumée il faut que chaque particule de gaz combustible se trouve en contact avec une quantité d'oxigène suffisante pour la brûler complétement et que la température soit assez élevée ; de là résultent plusieurs conditions moins générales mais plus précises.

1° Il ne suffit pas qu'il y ait assez d'oxigène en moyenne dans la masse gazeuse, il faut qu'il y en ait assez sur chaque point. Si le mélange était parfait, la proportion chimique d'oxigène serait suffisante, plus il sera imparfait et plus l'excès d'oxigène sur tout l'ensemble devra être grand. L'agitation, les remous, les tourbillonnements des gaz, et, en général, toutes les causes pouvant rendre le mélange plus parfait seront donc favorables à la fumivorité. L'introduction d'air par d'autres orifices que ceux de la grille et dans des directions variées, différentes de celle du tirage, agira à la fois en augmentant la proportion d'oxigène et en favorisant le mélange. Il ne faudrait pas toutefois que la quantité d'air fut assez considérable pour trop abaisser la température; à ce point de vue il vaudra mieux introduire de l'air chaud que de l'air froid.

2° Il faut éviter avec le plus grand soin un commencement d'inflammation des gaz suivi d'une combustion incomplète parce qu'il y aurait production de particules noires à peu près indestructibles. Cette condition se rattache à la précédente sous le rapport d'une proportion d'oxigène et d'un mélange suffisants, mais elle exige en outre que les chargements soient faibles et qu'on n'ouvre pas la porte du foyer avant que la houille chargée précédemment ne soit réduite en coke. Dès lors on est presque forcé, au moins pour les grands foyers, de renoncer à l'alimentation ordinaire et d'en venir soit à l'alimentation continue, soit à l'introduction du combustible frais au-dessous de celui qui est déjà dans le foyer.

3° Il faut une température toujours suffisante. Or, au début de la distillation de la houille fraîche, les gaz s'en dégagent presque froids, l'air peut être froid aussi et le mélange trop imparfait pour qu'une simple inflammation produise une combustion complète. Le secours d'une forte source de chaleur est donc fort utile et souvent même nécessaire; on l'obtient en faisant passer le mélange gazeux soit sur du combustible incandescent et déjà arrivé à la seconde période de la combustion, soit sur des maçonneries très-chaudes.

Lorsqu'un foyer ne réunit pas toutes ces ressources, sinon d'une manière complète, au moins dans une large mesure, on peut affirmer d'avance qu'il n'est pas complétement fumivore pour la houille.

3

CHAPITRE II.

DIFFÉRENTES FORMES DE FOYERS.

Foyers à flamme renversée.

671 à 676. Les foyers à flamme réellement renversée, tels qu'ils sont définis à la fin du n° 671 n'existent pas dans l'industrie.

Les foyers du n° 676 et autres à la suite ont des flammes horizontales comme les foyers ordinaires. Mais leur alimentation est continue et la plus grande partie de l'air entre par le même conduit et dans le même sens que le combustible frais ; les gaz que celui-ci dégage sont donc mêlés avec de l'air qui n'a encore rien perdu de son oxigène et le tout vient passer sur du combustible incandescent. On reconnaît de suite l'existence des conditions les plus essentielles pour la fumivorité.

Ce système peut servir à brûler un combustible quelconque ; son emploi n'est limité que par les inconvénients du mouvement du combustible sur la grille et de l'inégalité de couche. Lorsque la couche doit être peu épaisse cette disposition ne convient que pour de petits foyers.

679. D'après la définition même donnée par Péclet au n° 671 le foyer du n° 679 n'est nullement à flamme renversée. Dans le fait de la destruction rapide de la voûte on reconnaîtra une vérification de ce que nous avons dit au n° 660. La chaudière pourrait aussi s'en ressentir. La voûte a encore l'inconvénient de supprimer une partie du rayonnement du foyer sur la chaudière.

Foyers à réverbère.

680.

Foyers à injection d'air sur la flamme.

681 à 683, 687, 688. Les deux derniers numéros sont fort intéressants en ce qu'ils donnent des chiffres sur divers phéno-

mêmes de la combustion dans un foyer ordinaire et sur les effets d'une injection d'air.

On remarquera que la consommation de 80 kil. par heure était très-forte pour la surface de la grille, eu égard surtout à la nature de la houille et des scories. La diminution de moitié dans la consommation suffisait pour réduire de 18 à 2 minutes par heure la durée de la fumée noire, et dans ce cas l'injection d'air devenait à peu près inutile. Quelle que fut la consommation, on chargeait à la fois la même quantité de houille, et la variation ne portait que sur l'intervalle des chargements. Il est donc très probable que la grande diminution de la fumée, lorsque la consommation était réduite à 40 kil. par heure, provenait de ce que chaque charge avait le temps de se réduire presque entièrement en coke avant une nouvelle introduction et de ce que la couche plus mince laissait passer l'air plus librement.

L'injection d'air n'a jamais complétement supprimé la fumée.

Dans les cas de fumée noire très-épaisse, un tiers environ de l'oxigène de l'air échappait à la combustion, ce qui montre bien que la fumée n'est pas due à une absence complète d'oxigène.

D'après les analyses des gaz, lorsque les ouvreaux étaient fermés, la moitié environ de l'oxigène échappait à la combustion. D'après les résultats fournis à la suite, l'ouverture des conduits d'injection faisait plus que doubler la quantité d'air. Si la combustion avait marché de la même manière dans les deux cas, la proportion d'oxigène libre aurait donc augmenté de plus de moitié lors de l'injection d'air, tandis que les analyses indiquent un accroissement de moins d'un cinquième. La conclusion naturelle de ce qui précède serait, qu'avec les ouvreaux fermés, plus du tiers du combustible s'échappait sous forme de gaz non brûlés. D'une autre part, si on considère la quantité d'air passant à travers la grille, on voit qu'elle contenait seulement un peu plus d'oxigène qu'il n'en fallait pour brûler entièrement la houille et, comme près de la moitié de cet oxigène échappait à la combustion, ce nouveau calcul conduit à la même conséquence que le précédent.

Une perte d'un tiers nous paraît cependant difficile à admettre, mais en la réduisant même de beaucoup, on voit qu'une fumée noire très-épaisse et très-prolongée peut indiquer une combustion faite dans des conditions déplorables, on voit aussi que ce fâcheux résultat est lié intimement à une consommation trop forte pour la surface de la grille et pour le tirage de la cheminée.

Les injections d'air seraient très-bonnes si on pouvait en éviter l'abus, c'est-à-dire obliger les chauffeurs à les fermer graduellement à mesure que la houille de chaque chargement passe à l'état de coke, mais d'ordinaire ils les laissent constamment ouvertes et le refroidissement des gaz qui en résulte diminue beaucoup l'effet utile du combustible.

Au lieu d'injection d'air on a très-souvent proposé et on propose encore des injections de vapeur faites par un tuyau percé de trous et placé sur les côtés du foyer ou près de l'autel. Nous croyons utile de prévenir que ce moyen essayé avec soin dans les manufactures de Paris et de Lille, et, sous nos yeux dans des usines diverses, n'a jamais donné aucun résultat sérieux.

Foyers doubles combinés.

689.

Foyers à alimentation continue.

L'alimentation continue est un excellent principe, au moins pour la fumivorité, mais elle entraîne des complications mécaniques et rend la surveillance du feu beaucoup moins facile que dans les foyers ordinaires.

Les systèmes qu'indique Péclet, sauf ceux des anthracites, comprennent tous des broyeurs. La houille marchande ordinaire contenant toujours des pierres grosses et très-dures, il faut que les broyeurs soient extrêmement solides ou mieux qu'ils reçoivent le mouvement par une courroie qui tombe lorsqu'une résistance extraordinaire se présente. Dans ce dernier cas l'appareil est sujet à des arrêts assez fréquents, il exige donc une surveillance continue et l'intervention du chauffeur pour le remettre en marche. La difficulté pourrait être bien diminuée si on employait des houilles purgées de pierres par le lavage, mais ces houilles sont plus chères que celles tout venant.

La réduction d'une partie de la houille en poudre fine peut aussi avoir des inconvénients ; si la poudre est sèche elle doit être en grande partie entraînée dans les carneaux par le courant d'air ; si elle est mouillée elle colle beaucoup et ne peut brûler qu'en couche mince difficile à entretenir bien égale sur la grille.

Nous retrouverons plus loin l'alimentation continue dans des conditions plus simples.

Gazogènes.

718, 719. Péclet ne parle pas de la grosseur des morceaux de combustible ni de la vitesse des gaz ou si on veut de la quantité de combustible brûlée par mètre carré et par heure. Ces deux éléments ont cependant une très-grande influence sur l'épaisseur de couche nécessaire pour transformer l'acide carbonique en oxide de carbone.

Nous nous bornons à indiquer la question parce que les gazogènes n'ont pas pour nous un grand intérêt. Ce système de combustion s'est peu répandu en France et Péclet en donne la raison au point de vue particulier des usines métallurgiques, (n° 724). En général il serait très-avantageux de ne brûler que des gaz sous les appareils qu'on a besoin de chauffer ; mais la complication, les dépenses de place et de construction sont plus grandes que dans le système de combustion ordinaire, car il faut un premier fourneau pour produire le gaz et un second pour le brûler. D'ailleurs la quantité de combustible emmagasinée dans le gazogène étant très-considérable, et la production de l'oxide de carbone ne se faisant bien que lorsque les maçonneries du fourneau sont échauffées, la mise en marche et les arrêts sont longs ou difficiles ; ces dispositions présentent donc de grands inconvénients pour les feux qu'on éteint chaque soir. Les gazogènes ne vont bien qu'avec de fortes consommations de combustible. Les gaz en sortent nécessairement à des températures de 7 ou 800 degrés et, pour éviter des pertes considérables de chaleur, il faut les conduire le plus promptement possible au foyer où ils doivent brûler. Enfin il n'y a plus de rayonnement du combustible solide sur les appareils à échauffer ; la proportion de chaleur à transmettre par la circulation des gaz brûlés est donc beaucoup plus grande que dans les foyers ordinaires.

CHAPITRE III.

NOUVELLES DISPOSITIONS DE FOYERS.

725.

La disposition du n° 726 n'est qu'une injection d'air froid déjà connue.

Celle du n° 727 contient de plus une ingénieuse tentative pour mettre, sans intervention du chauffeur, l'injection d'air en rapport avec le degré plus ou moins avancé de la combustion entre deux charges consécutives. Nous avons déjà dit, à propos du n° 688, que telle était la difficulté capitale du système des injections d'air. L'appareil de M. Prideaux ne résout pas complétement la question, car il suppose une grande régularité dans les charges. Nous pensons qu'il vaudrait mieux introduire l'air à l'autel ou derrière que par la porte du foyer.

729. Les grilles Tailfer sont employées depuis plusieurs années pour les six grandes chaudières de la manufacture de Paris. Cet appareil est parfaitement fumivore sauf pendant l'allumage ou lorsqu'on ouvre la porte. La couche de houille en entrant ne s'allume qu'à la superficie et l'inflammation descend ensuite de proche en proche jusqu'à la grille ; elle n'y arrive guère avant que le combustible ait parcouru la moitié de la course. On voit, en effet, en regardant sous la grille, que la première moitié est sombre et le reflet du feu ne s'aperçoit que dans la partie du fond.

La grille Tailfer réunit à un haut degré les principales conditions de la fumivorité, car l'alimentation est continue, la houille non allumée est toujours en dessous comme nous venons de l'expliquer et la seconde moitié de la grille couverte seulement de coke incandescent livre passage à un excès d'air porté à une haute température et qui peut achever de brûler les gaz dégagés par le combustible de la partie antérieure du foyer.

Nous sommes en complet désaccord avec la plupart des appréciations de Péclet sur la grille Tailfer. Cet appareil convient parfaitement pour les charbons très-menus qui passent trop facilement à travers les grilles ordinaires, mais il peut sans inconvénient être alimenté avec de la grailleterie ; il est inutile de casser les morceaux moins gros que le poing, si on ne marche pas avec une couche très-mince. Des expériences nombreuses ont toujours donné 15 à 20 0/0 d'économie par rapport aux grilles ordinaires, mais à certaines conditions qui seront indiquées plus loin.

Les réparations de la grille et de tout son mouvement ne sont pas considérables. On peut assez facilement varier la combustion dans de larges limites pourvu que le mouvement du registre soit sous la main du chauffeur.

Toutefois la grille Tailfer a plusieurs inconvénients ; les uns lui sont propres, les autres appartiennent à l'alimentation continue et aux conditions de la fumivorité en général.

Dans la première classe se placent :

Les détériorations assez rapides de la voûte antérieure, de l'autel et des côtés du foyer dans les parties où les scories peuvent s'y attacher, cet inconvénient est surtout sensible lorsqu'on brûle plus de 50 kil. par mètre carré et par heure, et que la vivacité de la combustion devient suffisante pour fondre les scories.

L'emploi nécessaire d'un charbon assez facile à allumer.

Une liaison étroite entre l'épaisseur de couche, la vitesse de la grille et l'intensité de la combustion.

Des difficultés de règlement croissantes avec la longueur de la grille.

Le prix assez élevé de l'appareil et de ce qui est nécessaire pour le mettre en mouvement.

Les défauts communs avec tous les systèmes à alimentation continue et fumivores sont les suivants :

Il faut des chauffeurs intelligents et soigneux.

Pour voir le feu et corriger les défauts de marche dès leur début, il faut laisser la trémie se vider au risque de gêner l'allumage, puis ouvrir la porte et produire alors plus ou moins de fumée.

La quantité d'air introduite devient facilement trop grande et il en résulte une forte perte d'effet utile comme dans les systèmes d'injections d'air.

A égalité de consommation de houille le tirage doit être plus puissant que pour les foyers ordinaires et la surface de grille plus grande. Ces dernières conditions ne sont pas spéciales au système Tailfer, elles appartiennent à tous les appareils fumivores parce que ceux-ci proscrivent les ringalages et les combustions momentanément trop actives et incomplètes, qui sur les grilles ordinaires servent à suppléer l'insuffisance des passages de gaz et des cheminées. Il est chimérique de chercher la fumivorité avec des consommations de 1 kil. de houille par décimètre carré de grille et par heure, et de 5 à 6 kil. par décimètre carré de cheminée. Il faudrait au moins dans de pareilles conditions recourir au tirage par jets de vapeur ou par moyens mécaniques.

Les archives du service central contiennent plusieurs rapports d'expériences très-variées faites sur les grilles Tailfer à la manufacture de Paris. Nous les mettons, le cas échéant, à la disposition de nos camarades.

L'appareil de M. Duméry(732) rend assez difficile une construction solide de l'avant du fourneau. L'alimentation n'est pas commode pour de grands foyers de chaudières accolées. Les entrées d'air sont si multiples que leur règlement doit devenir très-compliqué pour donner une bonne utilisation du combustible. On ne sait pas quelle est la durée des pièces de fonte les plus voisines du foyer. Toutefois ce système a un avantage exceptionnel et très-important, car il permet de voir constamment le feu par des regards vitrés placés sur la face antérieure.

Des dispositions assez nombreuses ont été imaginées pour introduire la houille fraîche au-dessous du combustible déjà allumé. Elles nous paraissent difficilement applicables aux grands foyers. D'ailleurs elles sont exposées à des attaques en contrefaçon de la part de M. Duméry, ce qui doit rendre très-prudent lorsqu'on reçoit des propositions d'essais.

733. La grille à gradins de M. de Marsilly paraît abandonnée ou au moins complétement modifiée, comme on peut le voir dans le chapitre des chaudières, tome 2 de Péclet. Nous nous y arrêterons cependant un peu parce qu'elle appartient à un genre que nous n'avons pas encore rencontré et sur lequel il est utile de faire quelques observations générales.

On sait depuis très-longtemps que pour diminuer la fumée et même la faire disparaître souvent d'une manière presque complète, il suffit de procéder par petites charges en déposant chacune d'elles d'abord derrière la porte et la poussant ensuite sur la grille au moment de l'alimentation suivante. Toutefois, pour que ce procédé réussisse il faut que la houille soit de nature à distiller rapidement, il faut aussi que l'épaisseur de couche sur la grille et le tirage soient combinés de façon à laisser dans l'atmosphère du foyer une quantité suffisante d'oxigène.

Pour éviter les portes dans certains foyers, on bouche seulement l'ouverture avec un tas de houille maintenu par une espèce de trémie et que le chauffeur pousse graduellement dans le foyer.

M. de Marsilly, partant de ces procédés primitifs, a cherché à les perfectionner, il a ajouté aussi une injection d'air au fond du foyer. Mais on voit de suite que son appareil doit difficilement parvenir à une fumivorité complète parce qu'il faut ouvrir la porte pour alimenter et que le mouvement du combustible par cascade tend toujours à mettre en dessus la houille dont la combustion est la moins avancée.

L'appareil exige du chauffeur un travail presque continuel.

Toutes les dispositions qui présentent ce caractère risquent beaucoup d'échouer contre la répugnance des ouvriers et, pour être juste, il faut reconnaître que le service devient très-difficile lorsqu'un seul homme est chargé de conduire plusieurs feux.

735. Les deux chaudières de la manufacture de Dieppe sont du système de MM. Molinos et Pronnier. Leur foyer est fondé sur le principe des gazogènes, mais contrairement à la disposition ordinaire de ceux-ci la houille transformée en gaz combustible est de suite brûlée dans la même enceinte, cette idée très-heureuse a été habilement réalisée.

Nous avons une série d'expériences faites à la manufacture de Paris qui constatent une bonne utilisation du combustible, surtout pour certaines houilles et pour de grandes consommations. Il est probable qu'on peut approcher des mêmes résultats avec des consommations plus faibles, mais peut-être serait-il nécessaire dans ce cas de diminuer la surface de la grille.

Nous ne parlons en ce moment que des foyers, ce qui concerne les chaudières se trouvera dans leur chapitre spécial.

Les procédés fumivores des n⁰ˢ 737 et 738 se représentent constamment sous des formes un peu variées. Depuis très-longtemps on sait qu'il est possible jusqu'à un certain point de détruire la fumée en plaçant dans les carneaux des corps réfractaires formant des conduits multipliés mais assez étroits pour que tous les filets du courant gazeux soient forcés de venir au contact des parois fortement échauffées. Outre les dispositions indiquées par Péclet, nous citerons les tubes en poterie réfractaire essayés il y a déjà bien des années et qu'on a rajeunis en les présentant sous la forme de trous nombreux percés dans un mur de briques.

Ces deux systèmes sont imparfaits, ils n'empêchent pas la fumée noire de se produire et réalisent très-incomplétement leur prétention de la brûler. De plus, ils s'encombrent et se détruisent par les cendres qu'entraîne le courant de gaz.

CHAPITRE IV.

CONSIDÉRATIONS GÉNÉRALES SUR LES FOYERS.

739. Tout ce que Péclet dit dans ce numéro suppose le tirage constant bien qu'il n'en parle pas.

740. Dans la seconde moitié de ce numéro, Péclet déclare que pour les combustibles à flamme, le problème lui paraît insoluble à cause des intermittences d'alimentation ; la conclusion logique serait d'insister en faveur de l'alimentation continue.

741, 742. Nous avons déjà eu occasion à propos des gazogènes de faire observer que Péclet oublie de tenir compte de la durée du contact des gaz avec le combustible. Cette omission d'un élément de première importance rend déjà fort incomplètes les considérations des n°ˢ 739 et 740. Mais dans les n°ˢ 741 et 742 les conséquences sont encore bien plus graves car toute explication des faits devient impossible. Péclet aboutit à conclure que les expériences de M. Schlœsing sont en désaccord avec les autres et qu'on ne peut rien en tirer. Nous allons montrer qu'au contraire il n'y a point de désaccord et que M. Schlœsing a découvert un fait très-remarquable.

La réaction de l'acide carbonique sur le charbon paraît exiger une température plus élevée que celle de l'oxigène sur le charbon. Ce résultat expérimental n'a rien qui choque les idées théoriques, car il semble naturel que l'oxigène déjà combiné avec du carbone agisse moins énergiquement sur d'autre carbone que l'oxygène libre.

Considérons un gazogène au coke dont la hauteur serait indéfinie ; l'air entre par le bas et sort en haut avec son oxigène entièrement transformé en oxide de carbone. En analysant les gaz pris à diverses hauteurs on voit d'abord l'acide carbonique se produire, augmenter et absorber tout l'oxigène sans qu'il se forme des quantités notables d'oxide de carbone, puis l'oxide de carbone prend naissance et remplace graduellement l'acide carbonique. La hauteur de couche dans laquelle se forme l'acide carbonique est très-faible par rapport à celle qui est nécessaire pour la transformation suivante en oxide de carbone. Ainsi, par exemple, supposons qu'à 30 centimètres de l'entrée de l'air on ne trouve plus d'oxigène mais seulement de l'acide carbonique, il faudra pour ne plus avoir que de l'oxide de carbone monter à 1 mètre 50 ou 2 mètres plus haut.

On résume souvent ces faits et d'autres analogues en disant que l'acide carbonique se forme plus facilement que l'oxide de carbone. Nous n'avons pas voulu nous servir de cette expression vague et favorable aux malentendus avant d'en avoir indiqué la valeur.

Toutes les fois qu'un phénomène a plus ou moins le caractère chimique l'opinion générale est qu'il faut renoncer à toute recherche de causes, et pour généraliser on est réduit à désigner des faits obscurs par des phrases plus obscures encore. Ce renoncement systématique est, à notre avis, très-fâcheux, et nous croyons que, sans avoir la prétention de tout expliquer, il est bon de faire au moins quelques tentatives.

Lorsque l'air arrive sur du coke, il se produit d'abord de l'acide carbonique ou du moins on ne trouve pas d'oxide de carbone dans les gaz avant que la proportion d'oxigène y soit extrêmement réduite. Pour expliquer ce résultat on a avancé, sans preuves, que l'oxide de carbone ne se formait pas aux températures très-élevées, ce qui est de la dernière invraisemblance. La question nous paraît bien simple : au contact du charbon l'air donne sans doute naissance à l'oxide de carbone, mais les gaz étant à une très-haute température et sans cesse mélangés, l'oxide de carbone est immédiatement brûlé tant qu'il y a de l'oxigène en excès. L'oxide de carbone ne peut se produire que sur une surface et il se détruit dans un volume, la seconde action est donc beaucoup plus active que la première et il est impossible qu'il s'établisse entre elles deux l'équilibre qui serait nécessaire pour la présence d'une certaine proportion d'oxide de carbone. En supposant même un défaut de mélange, il faut observer que lorsqu'on puise des gaz dans un endroit très-chaud il est bien difficile d'y trouver à la fois de l'oxide de carbone et de l'oxigène, car le tube d'aspiration étant lui-même très-chaud, si les deux gaz y arrivent ensemble ils doivent se combiner.

L'énorme différence entre les épaisseurs des couches nécessaires à la formation de l'acide carbonique et à son changement ultérieur en oxide de carbone est une question beaucoup moins simple que la précédente.

Il est fort possible que, par des causes complétement inconnues, certaines combinaisons chimiques exigent pour se produire beaucoup plus de temps que d'autres et rien n'empêche de croire que le changement de l'acide carbonique en oxide de carbone soit plus lent que la formation de l'acide carbonique, lors même que les contacts et les températures seraient identiques dans les deux réactions. Nous n'avons rien à dire sur ce point, mais il y a d'autres éléments très-saisissables et qui doivent jouer un grand rôle.

Dans la couche où se forme l'acide carbonique, les morceaux de combustible déjà plus d'à-moitié consumés sont plus petits, ils offrent donc à égalité d'épaisseur de couche une surface plus grande; l'air entre souvent dans des directions variées et avec une vitesse plus considérable que celle qu'il conserve dans le fourneau, ce qui multiplie les contacts. A mesure que l'air monte en se dépouillant d'oxigène, il rencontre des conditions de plus en plus favorables à la combustion de ce qui lui en reste, car la température croît de bas en haut.

Dans la couche où l'acide carbonique se transforme en oxide de carbone la situation est bien différente; les morceaux plus gros offrent moins de surface; à mesure qu'on s'élève la quantité d'acide carbonique diminue et la température baisse, la formation d'oxide de carbone qui correspond au produit de ces deux facteurs doit donc se ralentir rapidement. Nous retrouverons plus tard ce genre de question dans les transmissions de chaleur.

Au premier abord on pourrait croire que la température est au moins aussi élevée dans la zône de l'oxide de carbone que dans celle de l'acide carbonique. En effet, l'air entre froid dans le fourneau;

la transformation complète de l'oxigène en acide carbonique porte les gaz à une température que nous désignerons par t^o, la moyenne de cette première période serait donc environ $\frac{t^o}{2}$. Les gaz entrent dans la zône de l'oxide de carbone à t^o et en sortent à 800°, moyenne $\frac{t^o}{2} + 400$. Mais pour le combustible la loi est différente, car dans la zône de l'acide carbonique il est toujours près de la température maximum, tandis que dans la zône de l'oxide de carbone il est certainement moins chaud que le courant gazeux. Or c'est la température du corps solide qui influe sur les combinaisons puisque la couche de gaz en contact avec le solide se met à l'instant en équilibre de chaleur avec lui.

Enfin nous indiquerons, mais sans entrer dans une discussion approfondie, un autre point très-intéressant. Lorsque l'oxigène et le carbone mis en présence forment de l'acide carbonique, les molécules qui se combinent n'ont pas besoin de prendre de la chaleur au dehors. Il n'en est pas de même lorsque l'acide carbonique réagit sur le charbon. On sait que dans ce cas il y a une forte disparition de chaleur. Or, supposons une molécule d'acide carbonique et une de carbone portées toutes les deux à la température maximum que puisse donner la combustion dans l'air, il est facile de calculer que si ces molécules se combinaient avec leur seule chaleur, l'oxide de carbone résultant serait bien au-dessous de zéro. Ce fait provient de ce que la plus grande partie de la chaleur due à la formation primitive de l'acide carbonique ayant passé dans l'azote de l'air, l'acide carbonique n'en contient plus assez pour suffire à l'absorption exigée par la formation de l'oxide de carbone. Il faut donc qu'il en reprenne aux molécules voisines. Avec de très-hautes températures il n'y a pas de difficulté, mais si on suppose que les gaz et le charbon soient seulement à 1,000° il faut, pour trouver la chaleur nécessaire, s'adresser à un grand nombre de molécules et la transmission devient moins facile.

Revenons maintenant à notre gazogène de hauteur indéfinie. Nous avons supposé qu'après avoir traversé une couche de 0^m30 d'épaisseur tout l'oxigène de l'air était passé à l'état d'acide carbonique et que, pour opérer ensuite la transformation complète en oxide de carbone, il fallait une autre couche beaucoup plus épaisse de $1^m.50$ à 2 mètres, par exemple. Mais cette situation ne peut correspondre qu'à une certaine vitesse du courant d'air. Si, pour opérer chacune des actions, il fallait toujours les mêmes temps de présence entre les gaz et le combustible, on voit que les épaisseurs de couche varieraient en proportion directe de la vitesse du courant d'air. La variation a bien lieu en effet dans ce sens, mais les épaisseurs augmentent beaucoup moins rapidement que la vitesse, parce que celle-ci multiplie les contacts et remplace en partie l'action du temps.

La quantité de combustible brûlée par heure et par mètre carré est proportionnelle au poids de l'air qui passe dans le fourneau et par conséquent à sa vitesse. En combinant ce rapport avec celui qui précède, on voit que pour produire avec le courant gazeux les mêmes réactions, les couches doivent être d'autant plus épaisses que la quantité brûlée par heure et par mètre carré est plus considérable.

Considérons enfin un foyer marchant avec une couche de coke de 0^m35 et une allure telle que presque tout l'oxigène de l'air y soit transformé en acide carbonique. Si on augmente de 0^m10 l'épaisseur de la couche sans changer la quantité d'air, la production d'oxide de carbone sera faible; le gaz en effet ne peut se former que dans les 0^m10 ajoutés, or l'allure du foyer étant telle que 0^m35 sont nécessaires pour absorber l'oxigène, 0^m10 ne peuvent donner qu'un faible résultat pour le passage bien autrement difficile de l'acide carbonique à l'oxide de carbone. Cette couche additionnelle est encore à cet égard beaucoup moins efficace que dans un gazogène, car elle rayonne par en haut et perd ainsi en général une quantité considérable de chaleur.

Les observations qui précèdent permettent de comprendre aisément les faits rapportés dans les nos 741 et 742. Il n'est point extraordinaire qu'avec les fortes consommations de 1 kilog. à 1 kilog. 50 par décimètre carré, des couches de coke de 0^m30

à 0^{m}50 soient insuffisantes pour produire de l'oxide de carbone et cela peut s'accorder parfaitement avec les expériences de M. Schlœsing. Lorsqu'on brûle 1 kilog. 5 par décim. carré en transformant tout l'oxigène en acide carbonique, la vitesse du courant d'air est environ quatre fois plus forte que si on brûlait 0 kilog. 34 en produisant un peu d'oxide de carbone (3me expérience de M. Schlœsing). Prenons pour épaisseur de couche dans le premier cas 0^{m}50, maximum indiqué par MM. Thomas et Laurens, il aurait fallu pour obtenir dans le second cas le même degré de transformation de l'oxigène employer une couche, non pas quatre fois, mais probablement deux ou trois fois plus faible, soit 0^{m}25 à 0^{m}17. Avec cette épaisseur M. Schlœsing n'aurait pas eu d'oxide de carbone.

Péclet admet lui-même, d'après MM. Thomas et Laurens, que des couches de 0^{m}30 à 0^{m}50 produisent de l'oxide de carbone dans le cas de combustion lente, il ne dit pas ce qu'il faut entendre par cette dernière expression, mais, d'après le reste, nous pensons qu'il désigne ainsi toutes les consommations inférieures à 1 kilog.

L'insufflation d'air par des tuyères introduit dans la question un nouvel élément. L'air étant injecté dans une direction à peu près horizontale peut parcourir un chemin considérable dans une couche d'une faible hauteur qui produira alors les mêmes effets qu'une couche beaucoup plus haute dans un foyer à tirage ordinaire. Par épaisseur de couche, au point de vue de l'action sur les gaz, il faut toujours entendre la longueur du parcours pendant lequel ces gaz sont en contact avec le combustible, quelque soit d'ailleurs le sens de ce parcours. Du reste les remous, les tourbillons et les mouvements tumultueux produits par les tuyères multiplient les contacts avec une telle intensité que toute comparaison avec les cas ordinaires est impossible. Nous nous bornons à prévenir qu'il ne faut pas se préoccuper de cette anomalie apparente.

Les deux premières expériences de M. Schlœsing révèlent un fait nouveau qui a une grande importance pour l'emploi du coke avec des combustions très-lentes. Elles montrent en effet qu'on peut, même dans de petits foyers, entretenir la combustion régulière en ne brûlant que 0 kilog. 1 par décimètre carré et que pour cette consommation et celles un peu supérieures on obtient l'idéal de la combustion en mettant le coke en couches épaisses qui brûlent nécessairement tout l'oxigène de l'air et, néanmoins, ne produisent pas d'oxide de carbone, probablement parce que la température n'est pas assez élevée.

Ce que Péclet dit de mieux sur la question de l'oxide de carbone est que la formation de ce gaz dépend de l'épaisseur du combustible, de l'activité de la combustion, de la grosseur des morceaux, de la température du foyer et de celle de l'enceinte du foyer, mais il faudrait ajouter : et de la nature du combustible, car les cokes poreux des fabriques de gaz, ceux plus denses employés par les chemins de fer et enfin le charbon de cornues produisent des effets très-différents.

745, 746. Nous avons déjà fait observer que les calculs de Péclet sont basés sur l'hypothèse de la constance des coefficients de chaleur spécifique. Il est très-probable que ces coefficients croissent rapidement avec la température et, par conséquent, les températures indiquées par Péclet pêchent d'autant plus par excès qu'elles sont plus élevées.

La formule du refroidissement donnée dans le n° 747 contient une interversion d'exposants, (voir n° 778). Les nombres à la suite sont cependant exacts sauf celui relatif à la température 800° qu'il faut lire 2.062 au lieu de 2.262. En général les tableaux calculés d'après la formule de Dulong et Petit pourraient être soumis à une vérification approximative très-simple, car la valeur de $a = 1.0077$ se trouve être presque rigoureusement la racine trois centième de dix; le rayonnement serait donc décuplé pour chaque augmentation de trois cents degrés, si le second terme ne venait modifier un peu cette loi.

Les chiffres donnés dans les alinéas suivants du même paragraphe ne sont pas tous exacts. Ainsi dans la première hypothèse où la consommation est de 1 kilog. de houille par heure, sans excès d'air, le calcul, fait d'ailleurs comme l'indique Péclet, donne pour la température 925°, pour la chaleur rayonnée 5.450, et pour la chaleur emportée par les gaz 2.550. Le rapport des deux derniers nombres s'élève à 2.1 au lieu d'être inférieur à 2.

Il est inutile de poursuivre ces rectifications de chiffres, mais nous croyons nécessaire de relever la conclusion qui est au bas de la page 348. Elle se termine par ces mots : « Il n'en est pas ainsi quand une certaine partie d'air échappe à la combustion. » Or, ce second cas est examiné à la suite et toute la conclusion qui précède peut lui être appliquée tout aussi exactement qu'au premier. Le rapport de la chaleur rayonnée à celle qui est entraînée par les gaz croît encore à mesure que la consommation par décimètre carré diminue et même l'accroissement est plus rapide que lorsqu'on supposait l'air entièrement brûlé. Seulement les valeurs absolues du rapport sont plus faibles et sont prises, nous ne savons pourquoi, en sens inverse, ce qui peut tromper au premier coup d'œil.

En somme, ce numéro contient un essai très-intéressant pour calculer les températures moyennes des combustibles et des gaz dans les foyers. Les bases sont trop incertaines pour qu'on puisse compter sur les chiffres, mais il est très-probable que le sens général des conclusions est exact, que le rayonnement intervient pour fixer dans chaque cas particulier des limites de températures presque infranchissables et qu'on n'accorde pas en général assez d'attention à son influence dominatrice.

Citons un exemple : l'enceinte étant à 150° et le corps rayonnant à 800° cette différence de 650° donne une perte de 2.062. Si le corps rayonnant était à 1,500°, une différence d'un seul degré avec l'enceinte suffirait pour produire une perte plus forte. Rien ne prouve, il est vrai, que la formule de Dulong et Petit soit applicable aux températures très-élevées.

741, 742. Pour comprendre la valeur des chiffres d'évaporation cités dans ce numéro, il faut se rappeler que dans les cas de combustion vive le rendement le plus ordinaire est 6 kil. à 6 kil. 1/2 de vapeur par kil. de houille. Péclet ne tire d'ailleurs aucune conclusion, mais il insiste avec raison sur quelques-unes des conditions très nombreuses qu'il faudrait rendre identiques pour avoir des essais bien comparables.

752. Dans le second alinéa de ce numéro on trouve que le rayonnement croît toujours avec la surface de la grille. Mais, ajoute Péclet, comme en général les surfaces de chauffe ont de grandes dimensions, la température de l'air à l'extrémité du canal est peu différente et l'accroissement d'effet utile peu considérable. Avec une pareille idée on pourrait supprimer tout le rayonnement, tandis que nous avons vu Péclet objecter, comme un défaut grave, à diverses dispositions de foyer qu'elles diminuaient le rayonnement.

L'alinéa suivant contient diverses observations que nous avons déjà faites, notamment à propos du n° 687. Il est évident que Péclet incline du côté des combustions lentes.

753.

L'exposé de Péclet sur la question qu'il désigne par les mots grandes et petites grilles est assez impartial, mais très-incomplet et souvent obscur. Lorsqu'un foyer doit consommer par heure une certaine quantité de combustible, il est bien clair que si on veut brûler seulement 0 kil. 4 par décimètre carré, il faut une grille trois fois plus grande que si on brûlait 1 kil. 20. Néanmoins l'expression de grande grille n'équivaut pas à celle de combustion lente, l'expression de petite grille n'équivaut pas davantage à celle de combustion vive ou rapide, et l'emploi de ces synonymes inexacts a le grave inconvénient de rendre les discussions très-confuses.

Lorsqu'on augmente graduellement la quantité de combustible brûlée dans un foyer on arrive en général à mettre les cendres en fusion pâteuse et à produire par conséquent des scories qui s'agglutinent entre elles et avec le coke au point de former souvent sur la grille de grandes galettes. Les chargements étant considérables, le combustible frais introduit chaque fois recouvre presque tout le foyer ; les morceaux ainsi placés en contact se collent les uns aux autres pour peu que leur nature le permette, parce que la température est très élevée. Avec des consommations graduellement décroissantes on arrive toujours, au contraire, à empêcher le combustible et les cendres de s'agglomérer.

Tels sont les véritables termes de la question, ils n'ont aucune liaison absolue avec les grandes et les petites grilles, ni même avec les combustions rapides ou lentes, car le coke peut donner une combustion très-vive sans fusion des cendres, tandis que les combustions très-lentes permettent encore l'agglomération de certaines houilles.

Il s'agit donc de choisir entre un genre de combustion qui agglutine le combustible ou la cendre et un autre genre qui ne produit aucun de ces deux effets. Or si le combustible se colle, les passages d'air se bouchent et le chauffeur est obligé de ringaler fréquemment pour les rétablir; si les cendres fondent, les scories qui en résultent obstruent la grille et s'attachent aux briques des parois, les nettoyages deviennent très-pénibles et ne peuvent plus se faire qu'avec violence, en détériorant la grille et le fourneau. Le foyer perd sa régularité de marche normale et les appareils placés au-dessus sont exposés à des coups de feu. Les combustions moins actives ne présentent aucun de ces inconvénients, mais le passage de l'air étant plus facile on peut craindre des pertes de chaleur; nous pensons néanmoins que ce genre de combustion est bien préférable au premier et il ne reste plus alors qu'à préciser les conditions dans lesquelles on devra se placer pour l'obtenir.

Il n'y a évidemment pas de limite tranchée entre les deux genres de combustion : la nature du combustible, l'épaisseur de la couche, la grandeur du foyer, le rayonnement variable selon l'enceinte, exercent d'ailleurs une influence très considérable. Cependant pour les houilles ordinaires nous pouvons indiquer comme limite moyenne les consommations de 40 à 50 kil. par heure et par mètre carré.

On fera donc bien, en général, de calculer les grilles pour ne point dépasser ces chiffres. Lorsqu'il s'agira de conduire des foyers déjà établis, si la règle paraît en défaut on pourra la rectifier par l'expérience.

Nous avons posé une limite supérieure de consommation, mais il faudrait établir aussi une limite inférieure. Cette seconde question est tout à fait différente de la première, et les considérations qui doivent la décider se rapprochent beaucoup plus du point de vue de Péclet que celles qui précèdent. A mesure que la consommation diminue, la chaleur est mieux utilisée par rayonnement, mais il y a plus de chances de perdre beaucoup par le passage d'un très-grand excès d'air. La balance entre ces deux considérations opposées s'établira suivant chaque cas particulier et on ne peut donner aucune règle générale.

D'ailleurs, il n'est pas toujours facile d'établir des foyers pour de très-faibles consommations par heure et par mètre carré. Supposons, comme exemple, que sous une chaudière on veuille brûler 100 kil. de houille, au taux de 0 kil. 25 par décimètre et par heure : il faudra donner à la grille quatre mètres carrés de surface, dimension qui soulèverait de très-grandes difficultés pour l'installation du fourneau et pour le travail du chauffeur.

754.

755 à 762. Ce résumé des opinions de Péclet sur les foyers fumivores concorde avec nos observations antérieures, sauf la divergence relative à la grille Tailfer.

763. Les réflexions contenues dans ce numéro méritent une attention très-sérieuse.

Dans toute question expérimentale le point le plus important est d'avoir des moyens de mesure suffisamment précis, mais aussi simples que possible. L'étude et la conduite des foyers resteront à l'état empirique, tant qu'on n'aura pas un appareil marquant à chaque instant la composition des gaz de la combustion.

CHAPITRE V.

FOYERS POUR LES DIVERS COMBUSTIBLES.

765 à 769. Les trois premiers alinéas du nº 766 sont une appréciation résumée des foyers ordinaires, presque identique à ce que

nous avons dit précédemment. Péclet propose ensuite des projets de foyers fumivores obtenus en réunissant les éléments les plus simples de divers systèmes déjà connus. Il rappelle les inconvénients des dispositions qu'il adopte, sans donner des moyens nets et clairs pour les détruire tous. Il laisse de côté le principe le plus efficace de fumivorité, celui qui consiste à introduire le combustible frais au-dessous du combustible déjà incandescent. Enfin on pourrait craindre que ses injections d'air ne formassent des chalumeaux dirigés contre les appareils à chauffer.

Les propositions de Péclet ne sont donc pas complétement satisfaisantes, cependant elles mériteraient d'être essayées, surtout celle du n° 767 ; mais de pareils essais n'auraient de valeur que s'ils étaient faits avec beaucoup de soin et suivis de près avec persévérance.

770. Le principal obstacle à l'emploi des houilles sèches est surtout le manque d'expérience des chauffeurs. Sur la grille Tailfer, où cependant cela était beaucoup plus difficile que sur une grille fixe, M. Kretz a réussi à bien brûler des houilles sèches qui, disait-on, exigeaient dans les foyers ordinaires l'emploi de machines soufflantes.

Les houilles sèches brûleront toujours lorsqu'elles seront disposées en couches épaisses et soumises à l'action d'un bon tirage, et, comme le fait observer Péclet, leur usage serait très-avantageux pour la régularité de marche et l'absence de fumée.

773. Dans les manufactures il faut souvent détruire des poussières, débris ou rebuts. L'emploi de ces matières dans un foyer offre des difficultés analogues à celles que Péclet indique pour la sciure de bois et on y remédie tant bien que mal par les mêmes moyens. Les cendres du tabac sont très-abondantes, très-fusibles, et corrodent promptement les grilles. Il est d'ailleurs bien reconnu par expérience que la combustion de ces matières dans nos fourneaux ne donne aucun effet utile ; on ne les brûle donc absolument que pour s'en débarrasser.

LIVRE SIXIÈME.

ÉMISSION ET TRANSMISSION DE LA CHALEUR.

774. Toutes les questions traitées dans ce livre sont des questions de transmission de chaleur. Péclet a mis à part sous le titre d'*émission* certains cas particuliers, mais nous n'avons pas à nous occuper de cette distinction, du moins pour le moment.

Les phénomènes de transmission exercent une influence fort considérable sur la plupart des applications de la chaleur et cependant leur étude est en général très-négligée. Dans beaucoup de parties des sciences industrielles il n'est pas impossible de suppléer à la théorie par des règles empiriques s'appliquant à presque tous les cas de la pratique. A l'aide de ces règles, des hommes dénués d'instruction méthodique, mais ayant acquis de l'expérience, parviennent sans trop d'erreurs à juger à première vue les questions usuelles. Il n'en est pas de même lorsqu'il s'agit de transmission de chaleur. Malgré la simplicité des principes les applications sont tellement variées et diverses que l'intervention du calcul est absolument nécessaire et que les ingénieurs les plus habiles ne peuvent souvent faire à priori aucune estimation approchée des résultats. On conçoit dès lors à quelles étranges aberrations sont exposées les personnes qui tranchent les questions de ce genre sans en avoir fait une étude sérieuse.

Pour donner une idée de la complication que présentent fréquemment les cas les plus usuels, nous citerons un exemple. Dan le chauffage à vapeur la chaleur sortie du combustible traverse en tout ou en partie au moins huit transmissions différentes avant d'arriver à son but.

La nature et l'importance des questions étant suffisamment indiquées, nous passons au classement des phénomènes de transmission, classement d'autant plus nécessaire que le sujet est plus complexe.

La physique distingue deux modes de transmission de la chaleur : la transmission par rayonnement et la transmission par
contact. On regarde comme très-probable que la transmission par
contact consiste en un rayonnement moléculaire à petite distance,
de sorte que les deux modes seraient au fond étroitement liés;
mais comme on n'a pas réussi jusqu'à présent à définir cette
liaison, il faut bien étudier séparément les deux ordres de phénomènes.

Une autre distinction, très-importante surtout pour la transmission par contact, est fondée sur l'état solide, liquide ou gazeux des
corps entre lesquels s'opère le mouvement de la chaleur.

En combinant deux à deux les trois états physiques des corps
on obtient six cas différents :

      1° transmission entre solide et solide.
      2°   »   »   solide et liquide.
      3°   »   »   solide et gaz.
      4°   »   »   liquide et liquide.
      5°   »   •   »   liquide et gaz.
      6°   »   »   gaz et gaz.

Dans le premier cas les corps sont le plus souvent éloignés l'un
de l'autre et la transmission directe se réduit au rayonnement.
Quelquefois cependant il y a contact, mais contact si imparfait et si
mal défini qu'il est impossible de déterminer son action autrement
que par des expériences spéciales à chaque exemple particulier; la
théorie ne peut donc s'en occuper.

Dans le sixième cas il y a mélange des deux gaz et la transmission se réduit à l'établissement de l'équilibre de température.

Le quatrième cas est analogue au sixième. La transmission de
la chaleur dépend encore entièrement du mélange des deux
liquides, mais ce mélange est moins spontané que pour les gaz et
lorsqu'il a été opéré par des forces extérieures les liquides aban-
donnés à eux-mêmes peuvent se séparer en vertu de leur différence de densité s'ils ne sont pas solubles l'un dans l'autre.

Le cinquième cas est très-analogue au quatrième, le mélange y est encore plus difficile et la séparation plus ais'e. Cette catégorie renferme des applications de quelque importance, tels sont le chauffage de l'eau par la vapeur, et l'échange direct de chaleur entre l'air et l'eau.

Lorsque dans les trois cas dont nous venons de parler on veut éviter le mélange ou le contact des fluides différents, on interpose entre eux un solide sous forme de lame. Cette disposition offre d'autres avantages qui seront expliqués plus tard. Notre seul but en ce moment est de conclure que les transmissions de fluide à fluide se ramènent le plus souvent à des transmissions entre fluides et solides et à travers des lames solides.

Il est très-rare qu'on ait à transmettre de la chaleur entre solides et liquides en dehors des circonstances qui viennent d'être indiquées. Les applications dans lesquelles la chaleur passe d'un solide à un gaz ou réciproquement sans que le solide joue le rôle d'intermédiaire, sont au contraire assez nombreuses.

En résumé, les phénomènes usuels de transmission de chaleur rentrent presque toujours dans les trois catégories suivantes :

Rayonnement entre solides.

Transmission par contact entre solides et fluides.

Transmission à travers des solides dont la forme la plus ordinaire est celle des lames.

Ces trois questions vont être examinées successivement.

RAYONNEMENT.

Les lois de Newton et de Dulong et Petit sont supposées connues, nous n'avons à parler que des applications.

794. La table de ce numéro contient des chiffres importants pour la pratique.

Si on voulait réduire au minimum le refroidissement d'un corps par rayonnement, il faudrait donner à ce corps une surface métallique polie et non altérable. Mais de pareils cas sont très-rares et presque uniquement bornés aux expériences scientifiques. Dans beaucoup de circonstances, on cherche, au contraire, à faire émettre à un corps le plus de chaleur possible, il convient alors de lui donner pour surface les substances qui ont le plus grand pouvoir émissif. La fonte ou la tôle oxidée, le papier, la peinture, la pierre, le plâtre ou le bois sont à peu près équivalents sous ce rapport, car leurs coefficients ne varient que de 3.35 à 3.77.

En employant la table du n° 796 il faut faire attention que les formules intercalées en petits caractères ne représentent pas des différences comme par exemple celles des tables de logarithmes. Ces formules donnent les quantités de chaleur émises pour les excès totaux de température que l'on considère. Ainsi la chaleur émise pour un excès de 106° serait $1.65 \times K \times 106$.

TRANSMISSION PAR CONTACT ENTRE SOLIDE ET FLUIDE.

797. En abordant la question du refroidissement des corps par le contact de l'air on passe au second cas de transmission.

Bien que le coefficient de la formule du n° 797 soit en principe variable à l'infini comme la forme des corps, cependant les formes usuelles étant presque toujours limitées aux cylindres et au plan, il suffit pour la pratique de connaître les valeurs du coefficient relatives à ces deux surfaces. La formule sert aussi à calculer les résultats qu'on peut produire en faisant varier seulement dans un appareil la température du corps qui cède la chaleur. Ce point a une grande importance dans les applications.

Les tables des n°s 799, 800 et 801 montrent que la quantité de chaleur transmise à l'air par des surfaces cylindriques équivalentes est d'autant plus grande que le rayon des cylindres est plus petit. Ce résultat peut être expliqué : en effet, la couche d'air qui joue un rôle dans le phénomène s'étend à une distance très-appréciable de la surface échauffante, et il est bien évident que cette gaine d'air a une section relativement d'autant plus grande que le rayon du cylindre intérieur est plus petit.

L'influence de la hauteur pour les surfaces verticales provient d'une cause toute différente. L'air monte en s'échauffant et produit un courant continu le long des surfaces ; à mesure qu'il s'élève la transmission diminue avec la différence de température. Cet effet est en partie contrebalancé par le mélange de l'air environnant et par la vitesse que donne un tirage plus puissant, de sorte qu'au delà d'une certaine hauteur le régime devient à très-peu près permanent. Mais il serait inutile d'insister sur ces phénomènes, car nous n'employons guère que des plans ou des cylindres ayant au moins 0.20 de rayon, la hauteur ne varie qu'entre un et deux mètres, et les tableaux montrent que dans ces limites les différences extrêmes ne dépassent pas un cinquième de l'effet total. On verra plus tard que d'autres causes diminuent encore l'influence de ces variations et la réduisent en général à quelques centièmes.

Afin de suivre l'ordre établi par Péclet, nous laisserons de côté momentanément la question générale de la transmission entre fluide et solide pour examiner divers détails utiles dans la pratique.

Ce n'est pas sans motifs que le rayonnement et la transmission entre un solide et l'air ont été réunis par Péclet dans un même chapitre et sous un titre spécial, malgré la différence complète de ces deux modes de transmission. Les physiciens ont toujours suivi la même méthode parce que les deux phénomènes se produisent simultanément lorsqu'un corps reçoit ou transmet de la chaleur dans une enceinte remplie de gaz, ce qui est le cas général pour la science aussi bien que pour l'industrie.

Il est donc utile de comparer les effets des deux modes de transmission tels qu'ils existent simultanément pour un corps, c'est-à-dire pour le même excès de température (805). En rapprochant l'une de l'autre les tables des nᵒˢ 796 et 804 on voit que pour les excès de température jusqu'au delà de 100° les coefficients numériques sont à peu près les mêmes. Le coefficient K est d'ailleurs dans les applications presque toujours notablement supérieur au coefficient K'. Il en résulte que le rayonnement l'emporte en général sur la transmission par contact de l'air. Dans les températures très-élevées sa prédominance est encore bien plus grande, nous l'avons déjà fait remarquer à propos de la température des foyers.

En vérifiant les calculs du nº 808 on reconnaît d'abord que Péclet a pris pour le coefficient du pouvoir émissif la valeur 2.77; il a donc supposé que la tôle n'était ni oxydée ni peinte, ce qui est en dehors des conditions les plus usuelles. Le tableau contient d'ailleurs des fautes de chiffres et doit être remplacé par le suivant :

Excès de température.	80º	101º	115º	125º	133º	140º
Rayonnement.	328	451	547	623	686	745
Contact de l'air. . . .	346	462	543	601	648	691
Totaux. . . .	674	913	1,090	1,224	1,334	1,436

On voit que le rayonnement, d'abord inférieur à la transmission par l'air, l'atteint ensuite et la dépasse de plus en plus à mesure que l'excès de température augmente. Pour rentrer dans les cas usuels il faudrait prendre le pouvoir émissif égal à 3.70 au lieu de 2.77, ce qui augmenterait d'un tiers le rayonnement.

Mais les chiffres du tableau suffisent à montrer la croissance rapide des effets d'un chauffage à vapeur lorsque la pression s'élève. Ainsi, en passant de un à trois atmosphères le résultat augmente dans le rapport de cinq à huit.

L'énoncé du nº 809 pourrait induire en erreur. La transmission indiquée correspond bien à un tuyau maintenu à 150º, mais pour réaliser cette hypothèse l'air qui circule dans le tuyau devrait avoir une température très-supérieure ou une vitesse extrêmement grande.

Influence des enveloppes. — Le cas des enveloppes fermées de toutes parts n'a aucun intérêt pour nous.

820. Les enveloppes ouvertes en bas et en haut se rencontrent très-fréquemment dans la pratique. En principe leur action sur le rayonnement du corps qu'elles entourent peut venir de deux causes distinctes : si elles sont réfléchissantes elles lui renvoient une

partie de son émission, si elles s'échauffent elles rayonnent davantage sur lui. On emploie toujours des enveloppes peu réfléchissantes et la seconde influence agit seule pour diminuer le rayonnement du corps enveloppé ; il est bien rare que cette diminution dépasse un tiers, on conçoit donc qu'elle soit aisément compensée par une accélération du mouvement de l'air. L'influence de la vitesse de l'air, que nous avons déjà signalée, se représentera dans les questions qui vont suivre et nous arriverons à reconnaître que l'élément principal de toute transmission entre fluide et solide est le renouvellement plus ou moins rapide des molécules de fluide en contact avec le solide.

TRANSMISSION DE CHALEUR ENTRE L'AIR ET LES TUYAUX.

821, 822, 823, 824.

Pour chauffer de l'air avec des tuyaux il est préférable de le faire circuler dans un canal autour du tuyau plutôt que dans le tuyau lui-même. Péclet en donne les motifs dans le n° 823 et la comparaison des n°ˢ 822 et 824 montre que les effets utiles des deux dispositions sont à peu près dans le rapport de un à deux. Cette différence disparaît ou du moins devient faible lorsque c'est l'air qui doit chauffer le tuyau.

L'hypothèse du n° 821 sur le parallélisme des veines d'air et sur la transmission de la chaleur de la circonférence au centre doit être très-éloignée de la réalité. Nous avons vu que, pour expliquer les effets produits par des surfaces chaudes verticales exposées à l'air libre, il fallait admettre un mélange continuel des couches d'air voisines. Les veines de fluide qui circulent dans un tuyau se mêlent probablement d'une façon analogue, et c'est ainsi que le courant s'échauffe tout entier jusqu'aux parties centrales. Mais dans le tuyau la quantité d'air est limitée ; dans l'autre cas au contraire de nouvelles quantités d'air frais viennent sur tous les points se mélanger à celui qui est déjà échauffé. Il en résulte que les effets de prolongements successifs donnés au tuyau iraient en diminuant rapidement et tendraient vers zéro, tandis que les augmentations de hauteur des surfaces exposées à l'air libre produisent des résultats qui décroissent lentement.

Pour avoir une idée de la progression de l'échauffement de l'air qui parcourt un tuyau, supposons que cet échauffement suive la loi de Newton, c'est-à-dire qu'il soit proportionnel dans chaque tranche d'air à la différence des températures de la tranche et du tuyau. Prenons pour axe des abscisses le côté du tuyau, pour origine l'extrémité par laquelle entre l'air et pour ordonnées les différences de températures. D'après la loi d'échauffement admise on aura

$$\frac{dy}{y} = K\,dx,$$

K étant un coefficient constant pour un même tuyau et un même courant. La courbe est une logarithmique dont on déterminera la constante d'intégration par la différence de température à l'origine. En prenant la loi de Dulong et Petit on obtiendrait une courbe algébrique ayant encore l'axe des abscisses pour asymptote et la même forme générale que la logarithmique.

D'après ces courbes la vitesse de l'échauffement de l'air, très-grande à l'entrée du tuyau, suivrait ensuite une loi rapide de décroissance. La température de l'air ne pourrait pas atteindre celle du tuyau comme le suppose Péclet, il serait même fort difficile qu'elle put en approcher au point de rendre la différence inappréciable au thermomètre.

CHAPITRE II.

TRANSMISSION DE LA CHALEUR A TRAVERS LES CORPS SOLIDES.

826. Péclet et d'autres physiciens admettent à priori que la quantité de chaleur transmise à travers une lame très-mince ne dépend pour une même substance que de l'épaisseur de la lame et de la différence de température de ses deux faces. Les raisonnements qui conduisent à ce principe ne nous paraissent pas rigou-

reux. En effet, le rayonnement moléculaire intérieur est assimilé au rayonnement extérieur, et sans plus d'examen on applique la loi de Newton parce que les molécules assez voisines pour rayonner les unes sur les autres sont forcément à des températures très-peu différentes. Mais l'assimilation suivie exactement conduirait à des résultats tout opposés. En effet, la loi de Newton dit que la quantité de chaleur émise est proportionnelle à l'excès de température; elle semble au premier abord indépendante des températures absolues, car son énoncé ordinaire ne les contient pas. Pour suppléer à ce silence il suffit d'observer que la loi de Newton ou du moins la loi de l'émission dans les faibles excès de température est le premier terme du développement en série de la loi de Dulong et Petit. Or ce premier terme contient la température de l'enceinte; d'après l'hypothèse qui sert de point de départ, il représente le rayonnement d'une molécule à l'autre et il en résulte que la conductibilité n'est pas indépendante de la température.

Malgré cette observation, on admettra les formules ordinaires, parce que dans la pratique les épaisseurs sont faibles et que les variations de la conductibilité ne changeraient pas les conclusions générales. Mais il est fort possible que le désaccord des observateurs différents, qui ont expérimenté sur les barres, soit dû en partie à cette cause.

Les rapports de conductibilité du n° 828 ne sont plus admis aujourd'hui, on préfère les chiffres suivants :

Argent.	1,000.
Cuivre.	736.
Zinc.	193.
Étain.	145.
Fer.	119.
Plomb.	85.

Ces coefficients comme tous ceux obtenus par la méthode des barres ne représentent que des rapports et pour en tirer parti il faut connaître la conductibilité absolue de l'un des métaux de la listé. On n'avait rien fait sur ce point avant les expériences de Péclet décrites dans les n⁰ˢ 830, 831 et 832. Le procédé suivi par Péclet consiste à séparer par une plaque métallique deux masses d'eau dont les températures sont différentes et à étudier le passage de chaleur d'un milieu liquide à l'autre. On voit que la transmission est complexe car elle s'opère de l'eau au métal, puis à travers le métal et enfin du métal à l'eau. Les résultats des expériences fournissent donc des renseignements sur ces deux modes de transmission et nous pouvons nous en servir pour reprendre la question de la transmission entre fluides et solides que nous avions mise de côté au milieu du chapitre précédent afin de ne pas nous écarter de l'ordre suivi par Péclet.

D'après ces expériences, si l'eau n'est pas fortement agitée la transmission de la chaleur entre les liquides et le métal est beaucoup plus difficile que la transmission à travers la plaque, lors même que celle-ci formée d'un des métaux les moins conducteurs est épaisse de plusieurs centimètres. Mais si l'eau est en mouvement de telle sorte que les molécules en contact avec le métal soient constamment renouvelées, la transmission entre le liquide et la plaque augmente avec la rapidité du mouvement et peut devenir beaucoup plus facile que la transmission à travers la plaque.

Les résultats obtenus pour l'eau se reproduiraient sans doute pour les autres fluides. L'élément principal de toute transmission de chaleur entre fluides et solides est donc le renouvellement des parties en contact, et il est très-probable que cette transmission peut être indéfinie en principe comme la vitesse du renouvellement. Toutefois il est évident que les mêmes vitesses appliquées à des fluides différents ne donneraient pas les mêmes résultats, ceux-ci devraient être proportionnels aux chaleurs spécifiques des fluides à volumes égaux.

833, 834. La table des conductibilités absolues qu'on trouve dans le n⁰ 833 doit être changée comme les rapports du n⁰ 828 et remplacée par la suivante :

Argent.   165
Cuivre.   121
Zinc.   32
Étain.   24
Fer.   19
Plomb.   14

Des expériences qui précèdent et de celles de Clément et de Thomas et Laurens citées dans le n° 833 il faut conclure avec Péclet que dans les appareils ordinaires la principale difficulté pour le passage de la chaleur est la transmission entre fluides et solides. Mais Péclet va plus loin, car il dit (n° 834), que, dans les limites d'épaisseurs généralement employées, la nature et l'épaisseur du métal sont sans influence sensible. Cette assertion est exagérée ; on peut le reconnaître en discutant les expériences citées dans le n° 833.

En effet, la plaque de Clément transmettait par heure et par mètre carré la chaleur de condensation de 100 kil. de vapeur, soit 54,000 unités si on admet 540 pour chaleur latente de 1 kil. D'après la table des conductibilités, le cuivre sur une épaisseur de deux millimètres et demi transmet, pour une différence de 1 degré entre ses deux faces, la quantité de $121 \times 400 = 48{,}400$ calories. Pour transmettre 54,000 calories il faut donc entre les deux faces une différence de température égale à $\dfrac{540}{484}$, soit $1°.115$, chiffre assez faible sans doute si on le compare à la différence totale de 72° qui séparait les températures des deux fluides.

Mais dans l'expérience de MM. Thomas et Laurens la quantité de chaleur transmise par la même lame est quatre fois plus grande, la différence de température des deux faces devient donc $1°.115 \times 4 = 4°.46$ soit environ le dixième de la différence totale de 45° qui existait entre les températures des deux fluides.

Nous avons supposé que les tuyaux de cuivre employés par MM. Thomas et Laurens avaient deux millimètres et demi d'épaisseur. Substituons leur des tuyaux en fer étiré deux fois plus épais, il est facile de voir que pour donner la même transmission il faudrait entre les deux faces du fer une différence de température égale à $4°.46 \times 2 \times \dfrac{121}{19} = 56°.8$. La double transmission du liquide au métal exige $45° - 4°.46 = 40°54$. Pour que l'appareil ainsi modifié produisit encore les mêmes résultats il faudrait donc que la différence totale de température entre la vapeur et le liquide devînt $56.8 + 40.54 = 97°34$ au lieu de $45°$. Avec la différence de $45°$ la substitution des tuyaux de fer aux tuyaux de cuivre aurait diminué la transmission selon le rapport $\dfrac{45}{97.3} = 0.45$, soit de plus de moitié.

Il n'est donc pas exact de dire que la nature et l'épaisseur du métal sont toujours sans influence sensible; mais cette influence n'acquiert une grande valeur que dans des cas assez rares et seulement lorsque les fluides séparés par la cloison métallique sont tous les deux des liquides, car dès qu'il s'agit de gaz, ne fut-ce que d'un côté, la transmission à travers le métal n'a plus aucune importance.

835. Le cas des chaudières ne peut pas être considéré comme un exemple de transmission simple d'un gaz à un métal. Péclet remarque lui-même que le rayonnement joue un rôle, du moins pour les parties placées en vue du foyer. Cette dernière restriction n'est pas toujours exacte, car si les carneaux sont extérieurs, leurs parois en maçonneries rayonnent sur la chaudière qui reçoit ainsi dans toute l'étendue de sa surface de chauffe une grande quantité de chaleur. Selon Péclet : « deux chaudières de mêmes dimen- « sions, l'une en fonte, l'autre en tôle, produisent la même vapo- « risation, » bien que les parois de la première soient cinq fois plus épaisses que celles de l'autre, conformément aux ordonnances. « Dans les chaudières de fonte la surface extérieure rougit souvent, « mais la quantité de chaleur qui se transmet augmentant avec la « température de cette surface on conçoit que l'influence de la « nature et de l'épaisseur du métal doit être très-faible. » L'expli-

cation ne paraîtra peut-être pas bien claire, car il ne suffit pas que les parois de la chaudière puissent transmettre la même quantité de chaleur, il faut aussi que le foyer la leur donne. Or à mesure que la température de la surface extérieure de la chaudière s'élève, sa différence avec la température du foyer diminue et la transmission par rayonnement et par contact des gaz qui s'opère en vertu de cette différence doit diminuer avec elle.

Pour se rendre mieux compte de l'influence que peuvent exercer la nature et l'épaisseur du métal des chaudières il faut faire des calculs analogues à ceux du n° 834. On admet que les parties de chaudières placées au-dessus du foyer peuvent vaporiser au maximum 100 kil. d'eau par mètre carré et par heure. Il est facile de voir en se reportant aux données précédentes que cette transmission de chaleur à travers une lame de fer de 1 centimètre d'épaisseur correspond à une différence de 28°.4 entre les deux faces. Quant à la fonte sa conductibilité n'est pas connue, mais si on la suppose moitié de celle du fer il faudra pour la même transmission à travers une paroi de 5 centimètres d'épaisseur une différence de 284°. La température de l'eau de la chaudière étant, par exemple, 150° on peut admettre 20° de plus pour la surface intérieure de la fonte et on arrive pour la surface extérieure au chiffre de 454°. Une couche d'incrustations de cinq millimètres d'épaisseur donnerait peut-être encore cent degrés de plus. Sans supposer aucun phénomène extraordinaire, tel que le passage de l'eau à l'état sphéroïdal, on peut donc concevoir que la surface extérieure de la chaudière arrive au rouge sombre, mais seulement dans les parties placées au-dessus du foyer où la transmission est relativement très-considérable. Dans le reste de la chaudière la vaporisation est beaucoup plus faible, elle peut varier de 40 à 10 kil. par mètre carré et par heure, et toutes les différences de température nécessaires à la transmission décroissent dans le même rapport. Il est donc impossible de comprendre que la chaudière rougisse ou même s'échauffe beaucoup ailleurs qu'au-dessus du foyer, à moins d'admettre pour la fonte une conductibilité très-faible analogue à celle du charbon de cornues, ce qui est invraisemblable, ou pour les incrustations une épaisseur de plusieurs centimètres. Mais dans ce dernier cas on sait très-bien que le rendement de la chaudière subit une forte diminution, et toute explication devient superflue.

Ainsi, en résumé, une chaudière de fonte peut rougir au-dessus du feu mais le reste ne s'échauffe pas assez pour empêcher les gaz et les parois de maçonnerie de lui transmettre à peu près les mêmes quantités de chaleur qu'à une chaudière de tôle. La question se réduit donc à une partie très-circonscrite pour laquelle il faudrait savoir si la fonte à 600° reçoit par rayonnement du foyer beaucoup moins que la tôle à 300°. Une réponse positive est impossible, car la loi de Dulong et Petit n'a pas été vérifiée pour les températures élevées. En l'admettant toutefois, faute de base plus solide, on voit que si la différence de température des deux corps atteint deux cents degrés le corps le plus chaud ne reçoit pas le cinquième de ce qu'il émet ; telle est donc la limite du changement que pourrait produire un abaissement de température du corps le plus froid, cet abaissement fut-il indéfini. Or, dans le cas dont nous nous occupons, la température du foyer dépasse certainement celle de la chaudière en fonte de plus de deux cents degrés, et il en résulte que la fonte, quoique à 600°, absorbe au moins quatre-vingts pour cent de la chaleur qu'absorberait de la tôle à 300°. Nous arrivons donc en définitive à une différence de vingt pour cent sur une partie dont la vaporisation très-active ne représente cependant pas d'ordinaire plus du cinquième ou du quart de la production totale de la chaudière. Cette différence répartie sur l'ensemble ne dépasserait donc pas cinq pour cent, et une pareille variation est en effet très-difficile à constater dans le service courant des appareils.

Les expériences de M. Boutigny indiquées par Péclet n'ont aucun rapport avec la question, car l'argent a une telle conductibilité que, pour établir une grande différence de température entre les deux faces d'une lame de ce métal, il faudrait lui donner des épaisseurs que M. Boutigny n'a certainement jamais employées.

836, 837, 840.

Conductibilité des corps mauvais conducteurs.

Les tables du n° 859 renferment les conductibilités d'un grand nombre de corps classés dans trois séries qui répondent en effet à des applications fort différentes.

Dans la première série on trouve des matériaux employés à la construction des édifices, nous y aurons recours pour les questions de chauffage.

La seconde série contient plusieurs matières utilisées quelquefois et même sur une grande échelle lorsqu'on veut diminuer des pertes de chaleur par transmission.

Enfin viennent, en troisième lieu, les matières filamenteuses qui servent très-fréquemment à atteindre le même but que les précédentes mais dans des cas différents.

860. L'assimilation de la conductibilité des matières textiles à celle de l'air stagnant se présente avec une grande apparence de vérité. Cependant le molleton de laine serait beaucoup moins conducteur que les autres corps. Péclet, en rapportant le détail de ses expériences, à la fin du troisième volume, ne fait aucune observation sur cette anomalie qui mérite cependant de fixer l'attention, car elle s'accorde d'une façon remarquable avec les propriétés bien connues des vêtements de laine.

CHAPITRE III.

CONSIDÉRATIONS GÉNÉRALES ET APPLICATIONS DES FORMULES.

Dans ce chapitre Péclet développe diverses applications presque toutes relatives au chauffage des bâtiments et qui pour nous seraient peut-être mieux à leur place dans la seconde partie du cours. Mais afin de rendre les notes plus faciles à consulter nous préférons suivre encore ici l'ordre adopté par Péclet.

861, 862, 863, 864. Il est très-facile de comparer les effets produits par des plaques de même matière mais d'épaisseurs variées, car elles transmettent pour la même différence de température des quantités de chaleur en raison inverse de leurs épaisseurs. Cette observation conduit à un mode de calcul plus commode peut-être que celui de Péclet et qui a l'avantage de se prêter à des représentations graphiques très-simples. Prenons d'abord les données du n° 862; ce cas des plaques superposées, de conductibilités et d'épaisseurs variables se rencontre fréquemment dans les applications.

Pour abréger les phrases nous désignerons les matières par leurs coefficients de conductibilité C, C' etc... On peut dans la valeur générale de M donnée à la fin du n° 862 multiplier par C le numérateur et le dénominateur ; ce dernier devient alors $e + e' \dfrac{C}{C'} + e'' \dfrac{C}{C''}$ etc... Les termes $e' \dfrac{C}{C'}$, $e'' \dfrac{C}{C''}$ etc... représentent les épaisseurs des plaques de la matière C qui, pour la transmission de la chaleur, produiraient les mêmes effets que les plaques des matières C', C'', etc..., sous les épaisseurs e', e'', etc... On peut donc ainsi, à des plaques de conductibilités diverses, substituer des plaques équivalentes d'une seule matière.

La même transformation s'applique à toute résistance opposée au passage de la chaleur. Si dans l'exemple du n° 864 on pose $\dfrac{C}{e'} = Q$, e' représente l'épaisseur de muraille de conductibilité C qui équivaut, pour la transmission de la chaleur, au rayonnement et au contact de l'air sur chaque face du mur primitif. Ce mur peut ainsi être remplacé par un autre de l'épaisseur $e + 2 e'$, dont les faces seraient maintenues aux températures T et Θ de l'intérieur et de l'extérieur de l'enceinte. En introduisant cette auxiliaire e' dans les formules on obtiendra pour t, t' et M des valeurs plus simples et plus claires que celles de Péclet. Mais, pour faire apprécier la méthode, les applications valent mieux que les calculs généraux, nous passerons donc immédiatement à l'exemple du n° 868. Dans ce cas : $C = 1.70$, $Q = 5.56$ et la surépaisseur à ajouter de chaque côté du mur, ayant pour valeur générale $\dfrac{C}{Q}$, sera numériquement 0.30, soit trente centimètres.

Les conséquences sont faciles à déduire, citons celles qui ont rapport aux variations de la chaleur transmise. Si le mur réel était aussi mince qu'une feuille de papier les deux surépaisseurs n'en subsisteraient pas moins et la résistance au passage de la chaleur ne pourrait devenir inférieure à celle qu'oppose une plaque de soixante centimètres, en pierre de conductibilité 1.70. Ce résultat est d'ailleurs indépendant de la nature de la muraille très-mince, qui peut être en métal, bois, verre, papier, etc... pourvu que son pouvoir rayonnant reste le même. Les variations d'épaisseur, si elles ne sont pas très-grandes, n'exercent qu'une médiocre influence. Pour réduire à moitié la transmission dont nous venons de parler il faudrait remplacer la feuille par un mur de soixante centimètres. Dans les limites des applications ordinaires, les épaisseurs variant de 0^m50 à 0^m80, les quantités de chaleur transmise ne varient que de 14 à 11.

Il peut être utile de mettre en regard, sur un tracé graphique,

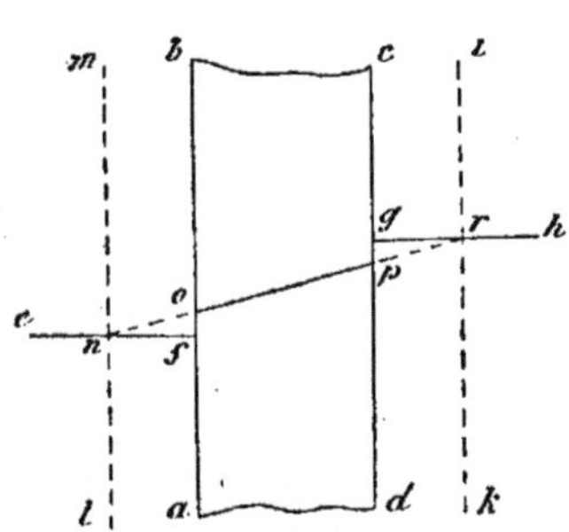

la réalité et l'hypothèse que nous lui substituons. Soit $a\,b\,c\,d$ une coupe du mur; représentons les températures en les portant, à partir d'un axe quelconque, parallèlement aux lignes $a\,b$ et $c\,d$. Les températures des deux enceintes que le mur sépare étant constantes, correspondent à deux droites ef, gh perpendiculaires à cd et ab. Sur les deux faces du mur il y a un changement brusque, et dans l'intérieur la loi de transmission à travers les plaques homogènes donne une droite inclinée op. L'ensemble des températures sera donc représenté par une ligne brisée et même discontinue si on veut, telle que $ef\ op\ gh$; mais les points o et p ne sont pas connus *à priori*. Supposons qu'on ait calculé la surépaisseur c' dont nous avons parlé précédemment et qu'on la porte de chaque côté du mur primitif en ik et ml; ces deux lignes rencontreront ef et gh en deux points n et r qu'il suffira de joindre par une droite pour représenter les températures dans toute l'épaisseur entre ml et ik. Ces températures se confondent avec les précédentes sur la partie réelle op, le tracé détermine donc les points o et p. On obtiendra ainsi par de simples mesures les températures des deux faces du mur primitif. La transmission absolue serait représentée par la longueur d'une perpendiculaire sur ef, ayant son pied à une distance du point n égale au coefficient C et prolongée jusqu'à sa rencontre avec nr.

La méthode que nous venons d'indiquer s'applique aisément à tous les cas, même aux plus complexes. Mais, avant de faire le tracé, il faut calculer toutes les épaisseurs auxiliaires ; dans beaucoup de circonstances les résultats de ce calcul montrent assez clairement l'influence des divers détails et on peut se dispenser de la construction graphique. Avant de citer des exemples, convenons de prendre pour unité le mur de un mètre d'épaisseur, en pierres de conductibilité 1.70. Lorsque nous dirons qu'une lame de telle matière ou, en général, une disposition désignée a pour valeur ou pour équivalent 0.30, 0.80, etc.... cela signifiera qu'elle peut être remplacée par un mur de 0^m30, 0^m80, etc... Supposons, par exemple, que sur une muraille on applique une boiserie de vingt millimètres d'épaisseur, le rapport des conductibilités du bois et de la pierre montre que cette boiserie équivaudra à trente-quatre centimètres. Si au lieu d'être juxtaposée au mur, elle en reste séparée, selon l'usage ordinaire, par un vide de quelques centimètres, cet intervalle représentera une surépaisseur tout à fait semblable à celle que nous ajoutions de chaque côté de la muraille simple, c'est-à-dire de trente centimètres. Ainsi, dans la moyenne des conditions pratiques, une boiserie assez mince doit diminuer d'un tiers la transmission à travers un mur.

Un papier collé sur un canevas tendu à quelque distance du mur, comme on le faisait souvent autrefois, équivaut à une surépaisseur de trente centimètres. Des draperies d'étoffes quelconques produisent des effets plus considérables, surtout si elles forment des plis nombreux. Des meubles placés contre les parois d'une chambre, des bibliothèques qui recouvrent des surfaces étendues exercent une influence analogue, souvent bien plus grande encore. L'idée de froid qu'éveille si généralement l'aspect d'une pièce à parois nues, ne résulte donc pas seulement d'une impression morale, elle est aussi fondée sur des faits matériels.

Une cloison simple en planches de trente millimètres d'épaisseur équivaut à cinquante centimètres, mais toujours au point de vue de la transmission seule et abstraction faite des passages d'air à travers les fentes. De même une cloison double, c'est-à-dire formée de deux cloisons simples séparées par un matelas d'air représente cent trente centimètres.

Un enduit de plâtre sur une muraille a peu d'action, mais une cloison ou un pan de bois en plâtre pur de quinze centimètres vaudrait soixante-quinze centimètres. Lorsque ce genre de construction est formé, selon l'usage le plus habituel, de deux cloisons en bois à claire voie recouvertes de plâtre à l'extérieur, avec un intervalle intérieur vide ou rempli de plâtras, sa résistance au passage de la chaleur devient difficile à évaluer exactement, mais elle peut être estimée de 1^m à 1^m50. La transmission est encore difficile à travers un plancher plafonné sous le solivage, mais il faut ici distinguer deux cas très-différents. Si le mouvement de la chaleur se fait de haut en bas, l'air logé dans les vides entre le plancher et le plafond s'échauffe par ses couches supérieures et demeure stagnant; c'est le contraire si la chaleur marche en sens inverse, et le mouvement de l'air dans ce cas favorise beaucoup la transmission.

La comparaison entre les murs de marbre et les murs de bois est citée dans tous les ouvrages de physique, nous n'y reviendrons pas. Il s'agit d'ailleurs jusqu'à présent des quantités de chaleur transmises à travers des murailles lorsqu'un régime régulier est établi, on ne doit pas se hâter d'en tirer des conclusions pour le chauffage des locaux habités, car cette dernière question est beaucoup plus complexe, comme nous le verrons bientôt.

869. Le cas des n⁰ˢ 870 et 871 se traite sans difficulté par la même méthode, seulement la surépaisseur à ajouter au mur du côté intérieur devient 0.88 au lieu de 0.30. Il en résulte que les boiseries ou autres dispositions propres à diminuer la transmission auraient moins d'influence ici que dans le cas précédent. Mais l'hypothèse actuelle s'éloigne beaucoup des applications en général et surtout des nôtres, elle ne peut même pas se réaliser pour les pavillons isolés et les églises que Péclet cite comme exemples au n⁰ 869, car le sol et les plafonds ne sont jamais exposés à l'action de l'air libre. De plus, la transmission par la face extérieure d'un mur ne se fait guère comme on l'a supposé jusqu'ici ; l'air du dehors étant presque toujours agité par le vent refroidit activement cette face et la maintient à peu près à sa propre température. La surépaisseur à ajouter au dehors d'un mur est donc en général bien inférieure à ce que nous avons admis et l'influence de toutes les dispositions contraires à la transmission s'accroît en conséquence.

872, 873. Les observations du n⁰ 873 font déjà comprendre que dans le chauffage des locaux il ne s'agit pas seulement d'obtenir pour l'air une température déterminée, mais qu'il faut aussi tenir compte des températures des faces intérieures des murs.

874. Péclet fait ici des réflexions analogues aux nôtres et qui sont un peu en contradiction avec la fin du n⁰ 869.

Il est bien vrai que les applications sont comprises entre les deux hypothèses examinées précédemment, mais elles se rapprochent toujours beaucoup plus de la première que de la seconde.

L'étude des murailles discontinues qui occupe les numéros suivants a déjà été faite par nous en partie et peut toujours se traiter suivant la même méthode.

A la fin du n⁰ 879 Péclet indique, comme le meilleur moyen pour empêcher les transmissions, l'emploi d'enveloppes multiples à très-faible rayonnement et entre lesquelles on ferait le vide. Ce système mériterait d'être appliqué à des expériences scientifiques, toutefois il est difficile d'affirmer *à priori* son succès, car la seule expérience que MM. Laprévostaye et Desains aient faite sur une enceinte très-réfléchissante a donné des résultats qui ne paraissent pas d'accord avec ceux du calcul ordinaire.

880, 881, 884. L'effet réel des doubles fenêtres est bien supérieur aux indications de Péclet. Cette différence peut s'expliquer par la réunion de plusieurs causes. La température des vitres, sous l'influence de l'agitation de l'air extérieur, se rapproche beaucoup plus de la température du dehors que de celle de l'intérieur. Les doubles fenêtres sont très-efficaces contre le passage de l'air. Enfin l'humidité qui se dépose souvent sur les vitrages simples favorise peut-être la transmission, parce que l'eau a un grand pouvoir émissif ou absorbant.

On voit d'ailleurs que les simples rideaux en étoffe légère, généralement appliqués contre les fenêtres, ont une action déjà très-notable sur la transmission. On diminuera beaucoup le refroidissement pendant la nuit en couvrant les fenêtres par des rideaux épais, des volets intérieurs ou extérieurs, etc... Tous les moyens efficaces contre la sortie de la chaleur le seront également contre son entrée dans les bâtiments pendant la saison chaude. Dans ce dernier cas il faut surtout empêcher l'accès de la lumière sur les vitres parce que les rayons calorifiques qui accompagnent les rayons lumineux traversent directement le verre.

Les numéros suivants fournissent des renseignements utiles sur l'emploi des enveloppes cylindriques, par exemple pour diminuer la condensation dans des tuyaux de conduite de vapeur. Nous nous bornerons à quelques remarques générales. Il importe beaucoup de choisir des matières aussi peu conductrices que possible, surtout lorsque les tuyaux à envelopper sont de petit diamètre, parce que dans ce cas on ne peut pas recourir à de grandes épaisseurs. Une couche de un à deux centimètres de matière textile réduit des trois quarts la condensation et il y aurait peu d'avantage à employer des couches beaucoup plus fortes. Des enveloppes de bois de trois à cinq centimètres sont bonnes pour les cylindres de grands diamètres. Si un corps chaud était placé dans un local qu'on voulut préserver le plus possible de la chaleur, il faudrait, autour de la première enveloppe peu conductrice, en placer une ou deux autres et établir entre elles une circulation d'air débouchant à l'extérieur du local. Ces enveloppes pourraient être très-minces et il serait avantageux qu'elles eussent un grand pouvoir réfléchissant.

Diffusion de la chaleur. — 896. Nous n'avons pas l'intention de développer dans le cours la question traitée par la note du n° 897. Mais Péclet ayant fréquemment employé jusqu'à la fin du volume les résultats de sa note, nous devons prévenir que ces résultats sont complétement erronés et il ne convient pas d'avancer une pareille assertion sans en fournir la preuve.

L'exemple est d'ailleurs très-convenable pour montrer aux élèves les avantages des vérifications sommaires et la facilité qu'elles présentent, même dans des questions très-complexes.

En jetant les yeux sur le tableau qui termine le n° 897, on doit être frappé de la prodigieuse vitesse attribuée à la dispersion de la chaleur. D'après les chiffres de ce tableau, un mur de fer, d'une épaisseur indéfinie, étant pris à la température zéro, si l'on porte et si l'on maintient une de ses faces à 100°, la température à un mètre de profondeur serait déjà 34° au bout d'une minute. Pour un mur de marbre dans les mêmes conditions le résultat serait encore plus élevé; mais ici une erreur de calcul est évidente, car en se reportant à la note on voit que la valeur de K est plus faible pour le marbre que pour le fer.

Revenons au fer pour lequel les calculs faits suivant la méthode de Péclet donnent réellement les chiffres du tableau. Le phénomène considéré est un phénomène de transmission, complexe il est vrai puisqu'il ne comporte pas de régime régulier, mais basé néanmoins sur la conductibilité. C'est donc avec le coefficient de conductibilité et avec les quantités de chaleur transmise qu'il faut cher-cher une vérification.

Or, la formule montre que si l'on multiplie x par une quantité

quelconque et t par le carré de la même quantité, la valeur de T'
ne change pas. Supposons par exemple qu'après avoir fait t égal à
un on le fasse égal à quatre, toutes les températures du premier cas
se trouvent, dans le second, reportées à des distances doubles de
l'origine. La courbe, qui aurait pour abscisses les profondeurs dans
le mur et pour ordonnées les températures correspondantes, s'al-
longe proportionnellement aux racines carrées des temps. La surface de la courbe varie suivant la même loi. Elle peut être prise
pour représenter la quantité totale de chaleur absorbée par le mur
depuis l'origine du phénomène. Cette quantité de chaleur est donc
proportionnelle à la racine carrée du temps ; après quatre minutes,
par exemple, elle sera double de ce qu'elle était après la première
minute.

Les observations qui précèdent nous permettent de faire, presque
sans calculs, une première vérification. Prenons une des tranches
limitées aux profondeurs du tableau de Péclet, par exemple celle de
un centimètre d'épaisseur et, pour éviter les décimales, faisons T
égal à 1,000°. L'une des faces de la couche est toujours à 1,000°,
l'autre à la fin de la première minute est à 992°. Pendant les trois
minutes suivantes la différence de 8° diminuera sans cesse ; en
supposant que la transmission s'opère par cette différence de 8°
nous ferons donc sur le pouvoir transmissif de la tranche une hypothèse trop forte. Or on sait qu'une plaque de fer de un mètre carré
de surface et de un millimètre d'épaisseur laisse passer en soixante
minutes 29,000 calories pour chaque degré de différence entre ses
deux faces. Notre couche transmettra donc en trois minutes

$$29,000 \times \frac{1}{10} \times \frac{3}{60} \times 8 = 1,160.$$ D'après les observations précé-

dentes cette quantité doit être plus grande que celle absorbée par
le mur dans la première minute. Or le tableau de Péclet indique
que les températures dans le mur, jusqu'à un mètre de profondeur, sont supérieures à 339° tandis que les 1,160 calories dont
nous disposons ne suffiraient pas à élever de un degré et demi la
température du mètre cube de fer correspondant. Il y a donc incom-

patibilité évidente. Des calculs semblables sur la transmission possible, à travers d'autres couches d'épaisseurs variables, conduisent à la même conclusion. Il est facile d'obtenir un résultat plus approché en construisant, comme nous l'avons déjà dit, les courbes de températures qui représentent les états du mur après la première minute et après les quatre premières minutes. On calcule alors la transmission à travers une couche en prenant la moyenne de ses températures à la fin des deux périodes et on mesure par les surfaces des courbes la quantité de chaleur qui a passé au-delà de cette couche dans le même temps. Le rapport des deux nombres est voisin de mille. Non seulement l'erreur de Péclet est mise ainsi encore plus en évidence, mais elle est précisée avec une approximation qui peut être fort grande si l'opération graphique a été bien exécutée.

Il reste toutefois à reconnaître la cause de l'erreur. Elle n'est pas dans la formule, car le traité analytique de la chaleur de Fourier donne la même équation, n°s 365 et 366. Mais il y a la question des unités, et le voisinage du rapport mille pour l'erreur appelle naturellement les idées de ce côté. Fourier expose ses conventions d'unités avec un soin malheureusement trop rare dans les ouvrages de science. Il dit : (n°s 158 et 159) « Le nombre C « est la quantité de chaleur nécessaire pour élever de un degré « l'unité de poids de la substance ; il est toujours multiplié par D « qui représente le nombre d'unités de poids contenu dans l'unité « de volume. » La cause de l'erreur est dès lors évidente, car Péclet, ayant pour unité de poids le kilogramme et pour unité de volume le mètre cube, n'a cependant pris pour densité que le nombre d'unités de poids contenu dans un décimètre cube. Il en résulte que ses valeurs de K relatives aux différentes matières sont toutes mille fois trop grandes. On se rendra compte aisément de l'influence de cette correction en examinant la formule ; car pour que la division de K par mille n'y change pas le résultat, il faut la compenser en multipliant le temps par mille ou en divisant la profondeur x par $\sqrt{1{,}000}$. Les chiffres du tableau des températures peuvent donc être conservés comme représentant l'état des murs après la première minute, à la condition de les rapporter à des profondeurs environ trente-deux fois plus faibles. Si, au contraire, on ne veut pas changer les profondeurs le tableau donne la répartition de la chaleur après mille minutes, c'est-à-dire seize heures quarante minutes. Il est facile de calculer que pour la même période les élévations de température sont de 48° à deux mètres de la surface libre et de 6° à trois mètres.

En présence de pareils résultats nous pensons que si on est étonné ce sera plutôt de la lenteur de la dispersion de la chaleur que de sa rapidité. Ces conclusions pourraient peut-être expliquer pourquoi dans les forges les grosses masses de fer, les trousses de fort diamètre exigent plusieurs heures de chauffage avant que leurs parties centrales n'arrivent à la température blanche. Mais pour examiner la question de plus près on aurait à tenir compte de ce que ces masses sont chauffées sur presque tout leur pourtour ; en outre la transmission du fer peut être, aux températures très-élevées, fort différente de ce que nous connaissons. Il y aurait donc des difficultés dans une étude approfondie qui d'ailleurs s'écarterait de la spécialité du cours.

Le point important pour nous et qui ne soulève aucun doute c'est que toutes les conclusions des n° 898, 899 et 900 doivent être absolument rejetées. Les différences de température entre le bas et le haut des églises ne sont pas toujours très-faibles, comme Péclet paraît l'admettre. Lorsque cette égale répartition de la chaleur existe, elle résulte de ce que l'air sort très-chaud d'orifices percés dans le sol et souvent dans des directions horizontales. Il cède donc rapidement, par contact, une grande portion de sa chaleur aux parties inférieures de l'édifice et aux objets qu'elles contiennent. Il se mêle avec de très-fortes proportions de l'atmosphère environnante avant de pouvoir s'élever et produit un mouvement général dirigé de haut en bas aussi bien que de bas en haut. Enfin le refroidissement dans les parties supérieures des églises est beaucoup plus énergique que dans les parties inférieures.

902. Les calculs et les conclusions de ce numéro ne paraissent pas très-satisfaisants. Pour le mur que Péclet considère, la quantité totale de chaleur transmise au dehors, par mètre carré, depuis le commencement d'octobre jusqu'à la fin d'avril, serait 35.431 calories. Du mois d'octobre au milieu de janvier la perte est sensiblement la moitié, soit en nombre rond 18.000 calories; mais dans cette période la muraille, se refroidissant fournit elle-même à l'émission un contingent que le chauffage n'a pas à remplacer. Du milieu de janvier à la fin d'avril le chauffage doit au contraire suffire, non-seulement à toute la perte extérieure, mais encore au réchauffement de la muraille qui est égal au refroidissement éprouvé dans la première période. Pour estimer l'influence de la quantité de chaleur contenue dans le mur, Péclet suppose que celui-ci passe entièrement de 15° à zéro, d'où résulte une variation de 6.600 calories. La limite zéro est tout à fait arbitraire, le mur ne peut y arriver en moyenne que dans le cas extraordinaire où la température du dehors se maintiendrait pendant quelque temps à 9° au-dessous de zéro. On approchera bien davantage de la réalité en admettant que les températures extrêmes prises en moyenne sur tout le volume de la muraille sont 14° et 5°, ce qui donne une variation de 4,000 calories. Pour avoir les quantités de chaleur que le chauffage doit fournir pendant ses deux périodes successives il faudrait combiner par addition et par soustraction les 4,000 calories que nous venons de trouver avec les 18,000 qui représentent l'émission de chaque période. On obtient ainsi les nombres 14,000 et 22,000 et il en résulterait que le chauffage de la seconde période serait supérieur de plus de moitié à celui de la première. Une pareille différence est très-sensible dans les applications; elle aurait été encore beaucoup plus grande si nous n'avions pas réduit les chiffres admis par Péclet pour l'influence de la muraille et ces résultats paraissent bien difficiles à concilier avec la fin du n° 902.

Cependant la conclusion de Péclet s'éloigne moins de la réalité qu'on ne pourrait le croire d'après les calculs précédents, parce que les hypothèses du n° 902 qui servent de base à ces calculs ne sont pas conformes aux données usuelles. Ainsi, pour rentrer dans les cas ordinaires, l'épaisseur du mur devrait être réduite de un mètre à 0,70. Le même motif conduirait à considérer la muraille comme faisant partie d'une enceinte dont aucune autre paroi n'est exposée à l'extérieur. La variation de la chaleur contenue dans le mur descend alors environ à 3,000 calories, tandis que la quantité émise au dehors est doublée et l'influence du premier chiffre sur le second se réduit à moins d'un sixième de différence entre les deux périodes.

Mais si l'effet est peu sensible lorsqu'on divise le chauffage annuel seulement par moitiés, il n'en est plus de même pour la comparaison entre le commencement et la fin de la saison froide. La chaleur absorbée ou cédée par les murailles joue un rôle d'autant plus considérable que les températures intérieures et extérieures diffèrent moins l'une de l'autre. Supposons comme exemple que ces températures soient d'abord égales et qu'il se produise ensuite au dehors des abaissements successifs et égaux entre eux. On verra aisément et toujours avec la même construction graphique que la muraille perd des quantités égales de chaleur pour passer de chaque état régulier à celui qui correspond à l'abaissement suivant. Mais la chaleur que la muraille transmet au dehors croît au contraire en proportion de la différence des températures. Il est donc évident que le rapport de la première quantité à la seconde va en décroissant selon la même loi. D'après ce principe général l'influence des murailles comme réservoir de chaleur est beaucoup plus grande au commencement et à la fin de la saison froide que dans le milieu de l'hiver ; si on veut en montrer les effets il faut donc comparer les chauffages en octobre et en avril. La quantité de chaleur que la muraille cède en octobre et gagne en avril est environ 600 calories pour un mètre carré sur 0.70 d'épaisseur. La différence des températures extérieures et intérieures étant très-faible pendant ces deux mois, il faut prendre pour l'émission un chiffre bien inférieur à celui qui correspond à la moyenne totale de la saison froide ; cette émission peut être évaluée à 3.300 calories. La combinaison des deux chiffres montre qu'à égalité de température moyenne au dehors le chauffage du mois d'avril doit être supérieur de près de moitié à celui du mois d'octobre. Une différence aussi marquée n'a pu échapper à l'observation ; on sait en effet qu'elle existe, mais pour préciser sa valeur réelle, un grand nombre d'observations serait nécessaire.

903.

Dans toute la fin du volume, depuis le n° 896, Péclet est constamment partagé entre les conséquences erronées qu'il attribue à la formule fondamentale de la diffusion, et les résultats approximatifs indiqués par des calculs ou des raisonnements très-simples. Ces deux tendances sont absolument inconciliables puisqu'elles correspondent à des vitesses de diffusion qui seraient dans le rapport de un à mille et leur réunion jette beaucoup de trouble dans la discussion, le n° 904 en est un exemple. La conclusion des calculs de ce numéro contient une faute, car Péclet dit : « pour un excès de température de 8°99 il sort par heure 16.23 calories, » mais en se reportant au commencement de l'alinéa on voit que le chiffre 16.23 calories appartient à un excès de 2°99, de sorte que pour un excès 6°55 la perte, au lieu d'être inférieure à 16.23, serait égale à environ 35 calories par heure. Le refroidissement de la muraille, toujours avec les hypothèses de Péclet, se produirait donc en 11 heures au lieu de 32. Ce calcul très-grossier suppose d'ailleurs l'absence de chauffage, il pourrait se rapporter à un effet produit pendant une nuit. Si on admettait au contraire un chauffage fournissant la quantité de chaleur qui correspond au premier régime de transmission, cette quantité viendrait en déduction de celle que la muraille perdait comme réservoir dans le cas précédent et la durée du refroidissement atteindrait environ vingt heures. Ce chiffre et le précédent sont d'ailleurs au-dessous de la réalité, car la perte dépend exclusivement de la température de la face extérieure du mur, et en prenant pour cette température la moyenne arithmétique de ses valeurs au commencement et à la fin du refroidissement on a fait une hypothèse trop forte.

905. Il est exact que les variations même considérables de la température extérieure ne se font sentir complétement dans l'intérieur des locaux qu'après un ou deux jours au moins, surtout lorsqu'il n'y a pas beaucoup de surfaces vitrées.

Chauffage intermittent.

907, 908. 2me, 3me et 4me conclusions de 909. Ces conclusions sont en général erronées et toujours par les mêmes causes.

La quantité de chaleur transmise par la muraille et qui résulte uniquement de son refroidissement n'est pas une fraction très-petite de celle qu'elle laisserait passer dans un régime régulier de transmission, elle lui est au contraire sensiblement égale dans le cas usuel d'un chauffage de jour interrompu la nuit. Cette conclusion a beaucoup d'importance pour les calculs de chauffage, car chaque jour doit réparer la perte de la nuit.

On retrouve au n° 3 un genre d'erreur que nous avons déjà signalé ; la quantité de chaleur contenue dans le mur est calculée depuis sa température moyenne jusqu'à zéro, tandis que la température extérieure est 6°. C'est ce chiffre qui devrait évidemment être pris comme limite inférieure du refroidissement de la muraille. Pour rentrer dans les applications ordinaires il faudrait considérer une interruption de chauffage de 12 et même 15 heures au lieu de 10 et une enceinte dont une seule face est exposée au dehors. Toutefois le changement de cette dernière hypothèse n'a aucune influence sur la question : car si pour la même muraille on trace sur une figure des droites représentant les températures de régimes quelconques de transmission, il est facile de voir que la quantité de chaleur émise reste toujours dans le même rapport avec la quantité totale emmagasinée dans le mur au-dessus de la température extérieure. Nous nous bornerons à donner le résultat des hypothèses indiquées précédemment pour une muraille de 0.50 d'épaisseur comme celle de Péclet. La perte pendant une interruption de chauffage de 12 à 15 heures pourrait s'élever au cinquième ou au quart de ce que contient la muraille. Notre calcul suppose que la perte par refroidissement du mur est assimilée à la perte ou émission du régime régulier de transmission. Dans le paragraphe précédent nous avions déjà dit que cette assimilation est à peu près exacte; Péclet conclut au contraire que la quantité de chaleur perdue par refroidissement serait bien inférieure à celle de la transmission régulière. Mais en examinant la question on voit bientôt qu'une pareille hypothèse est inadmissible. L'erreur de Péclet vient probablement de ce qu'il a assimilé le cas actuel à celui du n° 904, tandis qu'en réalité les deux phénomènes sont plutôt opposés qu'analogues. En effet, lorsqu'un mur est dans un état de transmission régulière, ses températures intérieures sont, ainsi que nous l'avons vu, représentées par une droite inclinée vers la face extérieure. Si on suppose, comme dans le n° 904, un abaissement subit de la température du dehors, la perte augmente de suite en raison de cet abaissement et l'état calorifique du mur se modifie pour tendre vers un nouveau régime de transmission représenté par une droite plus inclinée vers l'extérieur. Mais au début le refroidissement ne peut porter que sur les couches du mur voisines du dehors, car la ligne des températures qui commande la transmission ne permet pas à ces couches de tirer de l'intérieur du mur une plus grande quantité de chaleur qu'auparavant; elles doivent donc fournir elles-mêmes l'excédant que la surface est forcée d'émettre au dehors. Pour que le refroidissement commence à se faire sentir sur la face interne du mur il faut que toute la ligne de transmission se soit abaissée progressivement, c'est-à-dire que le mur ait perdu une grande partie de ce qu'il doit perdre avant d'arriver à son nouveau régime. Nous étions donc bien fondés à dire avec Péclet que les effets d'un refroidissement extérieur ne se transmettent à travers les murailles qu'après des temps assez longs.

Mais le refroidissement sans diminution de température au dehors et seulement par interruption du chauffage intérieur présente des phénomènes tout différents de ceux qui viennent d'être discutés. Nous admettons que la face interne du mur ne reçoit plus de chaleur et qu'elle n'en perd pas vers l'intérieur du local. Considérons un instant très-court à partir de l'arrêt du chauffage. La ligne des températures, qui commande la transmission, ne peut avoir éprouvé aucun changement fini. La quantité constante de chaleur qui traversait toutes les sections intérieures du mur reste donc la même et se disperse encore par la face extérieure. Il en résulte que la perte de chaleur porte toute entière sur la face interne du mur et que le reste de l'épaisseur y compris la surface du dehors n'éprouve aucun changement de température. Si on suppose que le phénomène se continue et qu'on prenne le mur à une époque quelconque de son refroidissement, on verra, par des raisonnements analogues, que la courbe des températures est horizontale à son extrémité sur la face interne du mur, et que par une inclinaison graduée elle arrive à se confondre sensiblement, à une profondeur plus ou moins grande dans le mur, avec la droite de la transmission primitive. Pour que la face extérieure commence à éprouver un abaissement sensible, il faut que le mur ait perdu en moyenne la plus grande partie de son excédant de température sur cette face.

Nous avons trouvé ci-dessus que, dans certaines hypothèses, une interruption de chauffage de 12 à 15 heures pouvait faire perdre à un mur un quart de sa chaleur. La discussion qui précède permet de répartir approximativement cette perte entre les diverses couches du mur; il en résulte que, après les 12 ou 15 heures, le changement serait peu sensible sur la face extérieure, tandis que la face intérieure aurait perdu au moins la moitié de son excès sur la première.

Nous pouvons donc affirmer, contrairement à l'avis de Péclet, que, pour les applications usuelles, les pertes de chaleur à travers les murailles, pendant les intermittences ordinaires du chauffage, ne diffèrent pas sensiblement des pertes de la transmission régulière.

La quatrième conclusion de Péclet est trop vague; pour la rendre claire il faut donner quelques explications. Nous avons dit que, pendant une intermittence ordinaire de chauffage, l'abaissement de température peut devenir très-sensible sur les parois internes des murs exposés à l'air libre, et ce fait doit contribuer d'une manière notable au refroidissement des locaux. Mais lorsque le chauffage est interrompu depuis peu de temps, depuis une heure par exemple, on éprouve souvent dans le local un refroidissement très-marqué, tandis que la perte des murs est encore très-faible. Ce refroidissement résulte surtout de l'abaissement rapide de la température de l'atmosphère intérieure. Considérons en effet une enceinte chauffée où l'air est à 18°. Supposons la température extérieure à zéro. Les faces intérieures des murs exposés au dehors seront à environ 12° et les autres parois à 15° en moyenne. Cet ensemble de températures diverses produira pour les personnes placées dans l'enceinte à peu près le même effet que si le tout était à une température uniforme de plus de 15°. Mais lorsque le chauffage cesse, l'air se met très-vite en équilibre de température avec la moyenne des parois, car la quantité de chaleur qu'il doit céder pour arriver à cette situation ne représente pas en général la perte extérieure du local pendant plus d'une demi-heure. Il en résulte que les températures de l'air et de toutes les parois intérieures sont alors au-dessous de 15°; leur moyenne peut être estimée à 13°. Le refroidissement est donc sensible, quoique nous ayons supposé le local parfaitement fermé; mais, dans beaucoup de cas, l'air chaud contenu dans l'enceinte s'échappe rapidement, et il est remplacé par l'air froid du dehors. L'atmosphère intérieure descend alors à une température plus basse que les parois de l'enceinte, et le refroidissement moyen peut atteindre aisément 4 à 5 degrés.

OBSERVATIONS SUR L'USAGE DES FORMULES.

Les formules et les résultats que le calcul en déduit peuvent presque toujours servir de guides pour les applications, mais ce sont des guides qu'il ne faut pas suivre les yeux fermés. Les formules, en effet, partent d'hypothèses qui ne sont jamais exactes; à mesure qu'on avance par des déductions successives vers des conséquences de plus en plus éloignées, les erreurs, très-faibles au début, s'accroissent et se multiplient d'ordinaire avec une extrême rapidité. Les chemins qui divergent, les fondations dont les vices se développent à mesure que l'édifice s'élève, sont des comparaisons bien vieilles et bien vulgaires, mais qui n'en représentent pas moins le fait abstrait dont il s'agit, aussi bien que peuvent le faire des comparaisons matérielles. En allongeant la chaîne par laquelle on se relie à une hypothèse, il faudrait donc devenir de plus en plus prudent; c'est le contraire qui arrive presque toujours, car la tendance naturelle est de prêter moins d'attention aux choses à mesure qu'elles s'éloignent. Mais il y a plus, dans le cours d'une étude on est constamment conduit à faire de nouvelles hypothèses et à négliger certaines influences dont il serait trop long ou trop difficile de tenir compte. Il en résulte qu'une série de raisonnements et de calculs, dont la longueur n'excède même pas les bornes habituelles, conduit fatalement à des erreurs grossières. Cette affirmation pourra choquer les esprits habitués aux sciences mathématiques pures, mais elle est sans cesse vérifiée par les faits. L'astronomie est de toutes les sciences appliquées celle qui repose sur les principes les plus simples et les plus certains. Cependant, même en astronomie, on voit les hommes expérimentés n'accorder confiance à une théorie qu'après que ses résultats ont été confirmés soit par l'observation directe, soit au moins par plusieurs méthodes qui doivent autant que possible différer les unes des autres dès leur origine. En étudiant avec soin les ouvrages de sciences appliquées on y découvre souvent des aberrations extraordinaires produites par une confiance excessive dans les apparences logiques. Pour éviter cet écueil, il n'y a qu'un seul moyen. Toutes les fois que le point de départ inspire des doutes ou que la chaîne des déductions acquiert quelque longueur, il faut faire des vérifications directes sur des points convenablement choisis.

911. Les élèves trouveront des enseignements utiles dans les

observations générales de ce numéro. La puissance des appareils doit sans doute être calculée avec un excédant notable sur la marche normale. Mais, quoique le principe soit général, il faut l'appliquer dans des mesures très-variables suivant les cas. Il est nécessaire de faire entrer en ligne de compte la dépense de premier établissement et d'examiner si les dimensions données aux appareils, pour leur permettre de suffire à des besoins exceptionnels, ne les placent pas dans de mauvaises conditions pour les circonstances ordinaires.

NOTE.

Lorsqu'on a besoin des poids de vapeur d'eau contenus dans un mètre cube d'air (ou plutôt d'espace) saturé à diverses températures, il ne faut pas recourir à la table de la page 470, mais au tableau des deux pages précédentes. En effet, les chiffres de la table paraissent avoir été calculés d'après l'hypothèse suivante : Un mètre cube d'air étant pris à zéro on le porte à t^o et on le sature à la même température, le tout sans lui permettre de se dilater. La quantité de vapeur étant ainsi délimitée, la dilatation est censée se faire à température constante jusqu'au retour à la pression primitive, et on calcule combien un mètre cube du mélange contient de vapeur d'eau. Il est clair que les résultats obtenus par cette méthode ne répondent à aucun cas usuel et ne peuvent pas être utiles dans les applications.

FIN DES NOTES SUR LE 1er VOLUME DE PÉCLET.

Imp. Prisselte, pass. Kuszner, 17. Maison pass. du Caire, 17.